省 部 级 精 品 课 教 材

高等院校艺术设计专业丛书

书籍设计

SHUJI SHEJI (第2版)

蒋 杰 姚翔宇 编著

DESIGN

重庆大学出版社

图书在版编目(CIP)数据

书籍设计 / 蒋杰，姚翔宇编著. —2版. —重庆：重庆大学出版社，2010. 5
（高等院校艺术设计专业丛书）
ISBN 978-7-5624-4216-5

Ⅰ. ①书… Ⅱ. ①蒋… ②姚… Ⅲ. ①书籍装帧—设计—高等学校—教材 Ⅳ. ①TS881

中国版本图书馆CIP数据核字（2010）第083537号

书籍设计（第2版）
SHUJI SHEJI
蒋 杰 姚翔宇 编著
责任编辑：周 晓 版式设计：周 晓 刘 洋
责任校对：邹 忌 责任印制：赵 晟
*
重庆大学出版社出版发行
出版人：张鸽盛
社址：重庆市沙坪坝正街174号重庆大学（A区）内
邮编：400030
电话：（023）65102378 65105781
传真：（023）65103686 65105565
网址：http://www.cqup.com.cn
邮箱：fxk@cqup.com.cn（营销中心）
全国新华书店经销
重庆市金雅迪彩色印刷有限公司印刷
*
开本：889×1194 1/16 印张：5.25 字数：155千
2007年8月第1版 2010年5月第2版
2010年5月第2次印刷
印数：3 001-6 000
ISBN 978-7-5624-4216-5 定价：28.00元

再版说明

“高等院校艺术设计专业丛书”自2002年出版以来，受到全国艺术设计专业师生的广泛关注和好评，已经被全国一百多所高校作为教材使用，在我国设计教育界产生了较大影响。目前已销售50万余册，其中部分教材被评为“国家‘十一五’规划教材”、“全国优秀畅销书”、“省部级精品课程”。然而，设计教育在发展，时代在进步，设计学科自身的时尚性、前沿性要求教材必须要与时俱进。

鉴于此，为适应我国设计学科建设和设计教育改革的实际需要，本着打造精品教材的主旨进行修订工作，我们在秉承前版特点的基础上，特邀请四川美术学院、苏州大学、云南艺术学院、南京艺术学院、重庆工商大学、华东师范大学、广东工业大学、重庆师范大学等10多所高校的专业骨干教师联合修订。此次主要修订了以下几方面内容：

1. 根据21世纪艺术设计教育的发展走向及就业趋势、课程设置等实际情况，对原教材的一些理论观点和框架进行了修订，新版教材吸收了近几年教学改革的最新成果，使之更具时代性。

2. 对原教材的体例进行了部分调整，涉及的内容和各章节比例是在前期广泛了解不同地区和不同院校教学大纲的基础上有的放矢地确定的，具有很好的普适性。新版教材以各门课程本科教育必须掌握的基本知识、基本技能为写作核心，同时考虑到艺术教育的特点，为教师根据自己的实践经验和理论观点留有讲授空间。

3. 注意了美术向艺术设计的转换，凸显艺术设计的特点。

4. 新版教材选用的图例都是经典的和近几年现代设计的优秀作品，避免了一些教材中图例陈旧的问题。

5. 新版教材配备有电子课件，对教师的教学有很好的辅助作用，同时，电子课件中的一些素材包将对学生开阔眼界，更好地把握设计课程大有裨益。

尽管本套教材在修订中广泛吸纳了众多读者和专业教师的建议，但书中难免还存在疏漏和不足之处，欢迎广大读者批评指正。

高等院校艺术设计丛书编委会

2009年8月

前言

20世纪著名的法国历史学家鲁西安·费伯（Lucien Febvre）曾经这样描述过书籍的特殊性，“书籍永久性地汇集了所有领域里最卓越的，充满创造性的灵魂的作品……创造出新的思考习惯，不仅是学术性的，而且是远超这一范围的，达于全部运用他们心灵的智识生命。”在平面设计中，恐怕没有任何其他一个项目能比书籍设计更具有广泛的社会效应和文化意义，人们对于书籍视觉创作的渴望和要求也总是远远超越一般的设计对象。

在大众的视觉经验中，书籍的个体差异显著，一本词典和一本小说的形式标准也许是完全不同的。作为兼具物质和精神属性的载体，书籍这种特殊的“身份”为视觉创作带来了一定的复杂性——如何保证在实现书籍阅读功能的同时体现出特有的视觉特质？如何均衡在这一创作过程中书籍的社会意义与设计师的个人价值？这些都是现代书籍创作所无法回避的焦点问题。针对这些问题，本书从美学、心理、形态、结构和工艺等多个角度出发，分类进行了章节论述，淡化了支离的创作技巧和经验，力求为读者建构一个整体的书籍创作概念。

南京艺术学院设计学院的邬烈炎教授为本书草拟的大纲使得本书有了一个较为规范的开始，在写作过程中又承蒙了重庆大学出版社周晓先生的宽容和鼓励，在此表示一并的感谢！同时也要感谢本书写作过程中所有参考文献的作者，特别是诸多知名或者不知名的例图作者，事实是，在这样一本关于视觉创作的书籍中，一幅出色的例图往往要比冗长的文字更能说明问题。

作　者

目录

1 概 述

1.1 书籍的概念

书籍作为人类文明的载体和象征，已经走过了数千年的历史，尽管现代的人们对于书籍十分熟悉，但一旦被问及书籍的准确定义，大多数的回答总是显得模糊、支离和不确定。历史上，书籍有着诸多截然不同的定义。在中国古代，有关书籍的释义在今天看来甚至有些不可思议，《尚书·序疏》中说“百氏六家，总曰书也”，《说文解字·序》中对于书的定义是“著于竹帛谓之书”，1979年版的《辞海》对于“书”的解释是“载籍的通称”，而对于书籍的解释则是“用文字装订成册”，这些历史上的书籍概念或是以书籍的类型为标准，或是以书籍的载体为标准，因此多半带有片面性。在西方的定义中，书籍被严格规定了页数，1964年联合国教科文组织（UNESCO）对于书籍的定义是——页数在四十九页以上的非定期印发的文艺出版品。这一标准显然将书籍和宣传册、杂志和报纸等具有相似特征的印刷品进行了区分。

事实上，有关应当如何定义书籍这个既定事物的说法不一，特别是在当前印刷媒体和数字媒体交替的时代，书籍的信息、材料甚至是形态都发生了巨大的变化，以这些因素为标准的书籍概念显然已经不适用。另外，当前社会的行业细分也在客观上造成了书籍概念的差异，出版、教育、印刷等不同的行业都会因势利导的对书籍做出最符合自己行业特征的解释。因此，书籍概念的准确界定只能以书籍本身所具有的，相对稳定的抽象特性为标准——书籍是以信息承载和信息传播为目的，以文字或其他信息符号记录在一定形式的材料上的著作物。相对于那些过于细节化和特征化的书籍概念，这一定义清晰地勾勒出了书籍作为“载体”和“媒体”的最本质特征，这也是从刻写时代、手抄时代到印刷时代数千年的历史中，书籍所表现出的恒定特征。在进入印刷时代将近一千年之后，在上个世纪末，数字媒体上电子书籍的出现预示着书籍即将面临又一次变革，但在当前时代以及未来很长的一段时间内，占据绝对主导地位的仍将是以纸张为基本材料，以印刷为实现手段的书籍，这类书籍也是本书中论述的最主要的对象。

1.2 书籍设计的概念与目的

在中国的出版界很长的一段时间内，书籍设计被习惯地称为“书籍装帧”，“装”带有“装订”和“包装”的含义，而“帧”其实是一个量词，指代书籍的页面和图幅，“书籍装帧”就是对书籍的装订和包装。相对于略显片面化和技术化的“书籍装帧”而言，“书籍设计”的词义较为宽泛，这一名词针对了书籍兼具物质性和精神性的载体特征，体现了在书籍的创作过程中技术、艺术和心理等多种因素的融合，因此更具包容力。

在现代的文化、技术和商业背景下，书籍设计具有多重的目的。

功能目的——书籍作为信息载体和媒体的本质决定了书籍设计的一系列功能性目的，在历史中的书籍进化也大多是由这些目的而引发的。首先，类似包装设计与包装物的关系，书籍必须通过在形态和结构上的设计，起到对信息的容纳和保护功能，现代书籍多页的形态以及函套、封面和勒口等结构就起到了类似的作用。其次，书籍设计确保了阅读功能的实现，内文的样式、材料的类型、印刷的方式以及装订的结构等环节都会直接影响书籍信息的还原效果以及读者的阅读效率。因此，尽管在大多数情况下，人们对书籍设计的评价习惯性地集中于审美样式中，而这些功能性环节是完整意义上的书籍设计所不可或缺的，是实现书籍最本体价值的保证（图1-1、图1-2）。

审美目的——书籍设计的审美目的是显而易见的，不同于普通的商品，书籍不仅具有物质属性，也具有一种强烈的、内在的精神属性。作为人类文明的载体和结晶，相比其他类型的平面设计，人们总是对书籍设计提出了更多精神层面的要求，集中体现在书籍设计的过程中，针对书籍的类型特征，通过图文形式和形态结构的创作体现出这一载体特殊的视觉美感，为书籍带来附属的美学价值（图1-3、图1-4）。

促销目的——在现代商业背景之下，作为一种商品，不同于纯粹的艺术创作，现代书籍的设计不仅仅是书籍的设计者和作者审美趣味的体现，为了达到一定的商业目的，现代书籍的设计必须充分考虑读者在年龄、层次和职业上的差异，有针对性地对书籍进行视觉创作，吸引并刺激读者的消费行为，促进书籍的销售，实现书籍的商业价值（图1-5至图1-7）。

因此，现代的书籍设计可以被定义为出于功能、审美和促销等多重目的，针对书籍的内在属性，在图文形式、形态结构、印刷方式和工艺材料方面对书籍进行的艺术创作和技术加工过程。

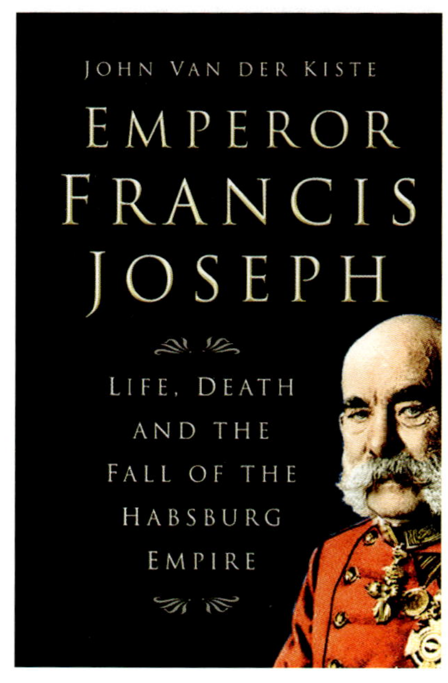

图1-3　现代书籍的视觉形式与内在精神属性的呼应

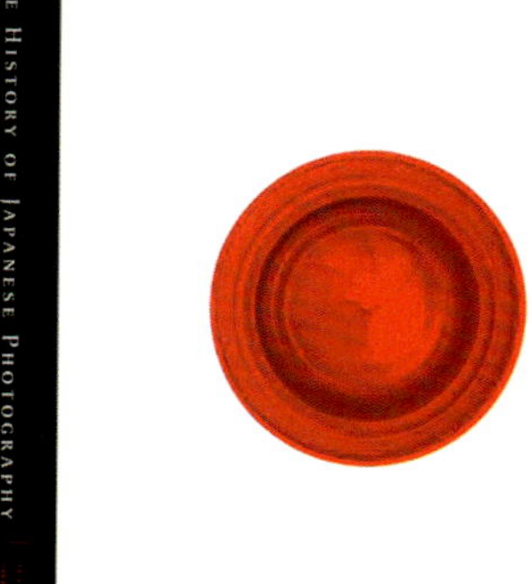

图1-4　现代书籍通过图文形式所体现出的审美价值

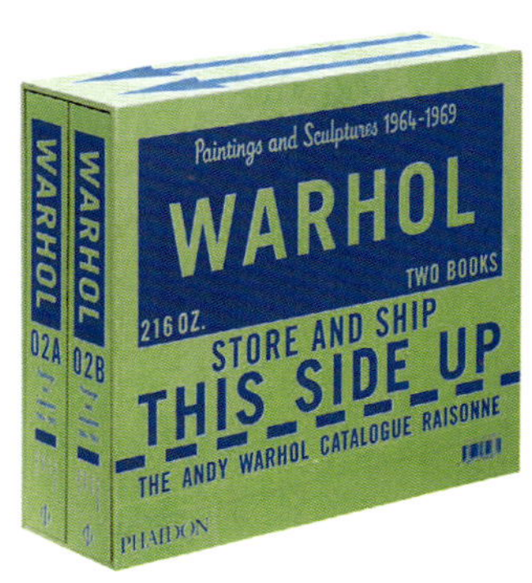

图1-1　函套起到了对书籍的保护作用

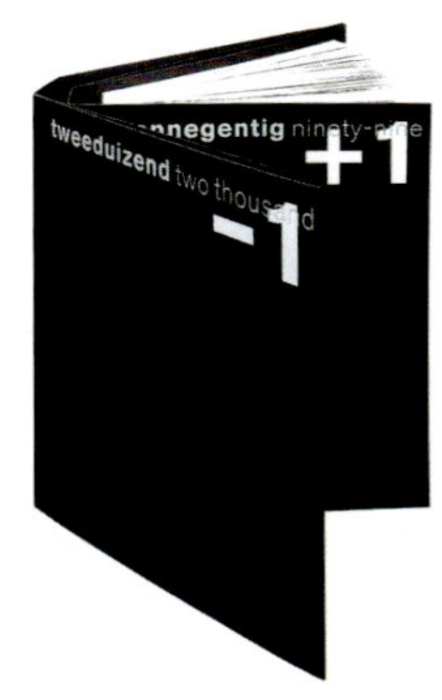

图1-2　现代书籍多页的形态、封面以及勒口等结构也是出于功能目的的设计

图1-5　儿童书籍具有针对性的视觉样式也是出于一定的促销目的

1.3 书籍设计的教学

书籍是平面设计的源头，也是现代平面设计中重要的实践项目，目前大部分设计院校普遍开设了与书籍设计相关的专业课程。在实际教学中，作为一种多页形态的平面设计，书籍设计的理论对其他多页形态的印刷物也具有普遍的指导意义。

书籍设计的历史几乎是与整个设计史同步的，在这一过程中，各个时代的、不同民族的书籍实践者们创作了大量丰富的、珍贵的、值得借鉴的作品，很多在历史中形成的关于书籍设计的理论、风格和样式至今仍然具有客观的价值。现代的书籍教学应该是具有历史感的，历史是认识、对照和反思现代书籍设计的有效途径。

书籍设计是关于整体性的学问，作为一门综合的专业课程，书籍设计几乎包括了图形、字体、版面等所有平面设计的基础知识。与海报、标志等二维形态的平面设计相比，书籍具有平面的、立体的以及动态的多种形态特征，单纯的以风格样式为教学点，追求表面的视觉效果是一种孤立的、片面的教学方式，它片面化了书籍设计的初衷，会造成学生对书籍整体认知的缺陷。完整的书籍教学涉及了平面设计中的风格、形态以及系统等诸多问题，因此需要建立多角度的、全方位的教学内容。

书籍设计也是具有显著实践特征的学问。材料、印刷、装订等工艺环节是书籍设计中所无法回避的实践内容，现代书籍创作中很多表现和创新手法正是来源于这些环节。受到条件的限制，在实际的书籍设计教学中，这些环节或是被忽略，或是被过于理论化，而只有具有实践性质的教学内容和具有针对性的课程主题才能有效地提高这部分内容的教学效果。事实上，在这一教学环节所体现出的，从虚拟到现实的联想能力以及从理论到实践的控制能力也是所有平面设计教学中的难点。

图1-6 吸引读者，促进销售，实现商业价值也是现代书籍设计的功能之一

图1-7 现代书籍封面中宣传性的文字起到了促销的功能

2 书籍设计的历史发展

在平面设计中，书籍作为设计对象具有悠久的历史，现代书籍是经历了数千年的“进化”才得以成型的。在人类的历史中，书籍的形式伴随着文明的进步而不断地变化和发展，并形成了不同时代大相径庭的书籍定义。对于现代的书籍设计，书籍的历史与发展体现了在不同的时代背景和技术条件下，人们对于书籍的审美观点以及对于书籍的本质思考，这些认识和思考至今仍然影响着当代的书籍创作，从形态和观念上丰富着现代书籍的设计语言。

图2-1　古巴比伦人的泥板书籍

2.1　原始形态的书籍

按照广义的书籍概念，在人类历史的初期，随着替代语言交流的文字的产生，那些记录文字的载体就可以被称作为书籍，相对于现在为人们所公认的标准的书籍形态，这些书籍看起来有些简陋，并不那么完美，以至于带有一定的实验性色彩。在纸张和印刷发明之前，早期人类的文字信息大多记录在自然载体上，而不同地域、不同文明的人类祖先对于这种载体选择的差异则带来了多样化的书籍形态——公元前3000年左右，古巴比伦人的“楔形文字”是刻写在泥板上的，这种泥板书通常由多片这样的泥板组成，人们可以按照摆放秩序进行阅读；古埃及人的书写集中在石壁和被称为纸草的植物性材料上，著名的《死亡书》绘制有大量精美的插图和象形文字，被普遍认同为人类历史上最早的平面设计；古印度人则将经文抄写在植物（贝多罗树）的叶片上，经过修饰装订成书籍，这种书籍又被称为“贝叶经”；在公元前6000年左右，中国出现了最早的文字记录，这些文字普遍刻写在龟甲和兽骨上，而在再晚些的时候，笨重的青铜器皿作为文字的载体，也成为了一种事实意义上的书籍形式（图2-1至图2-7）。

图2-2　古埃及人绘制在墓穴石壁上的《死亡书》

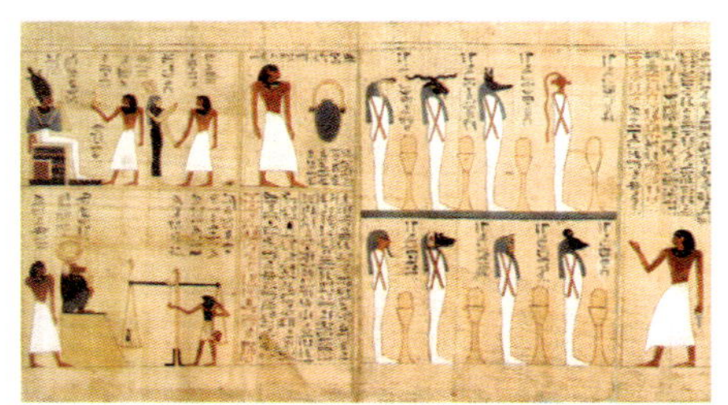

图2-3　古埃及人绘制在纸草上的《死亡书》

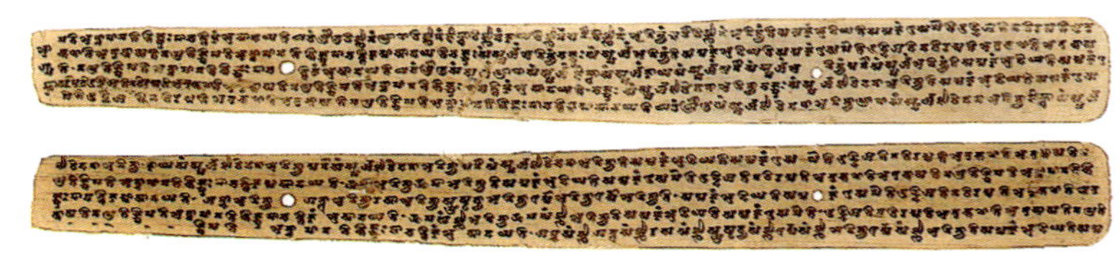

图2-4　公元6世纪左右的贝叶经

图2-5　古代中国兽骨形式的书籍

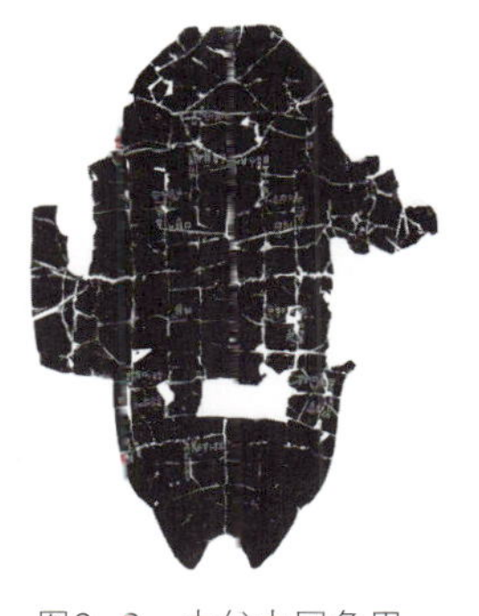

图2-6　古代中国龟甲形式的书籍

图2-7　商周时期中国青铜器皿上刻写的文字

2.2　西方书籍的演化

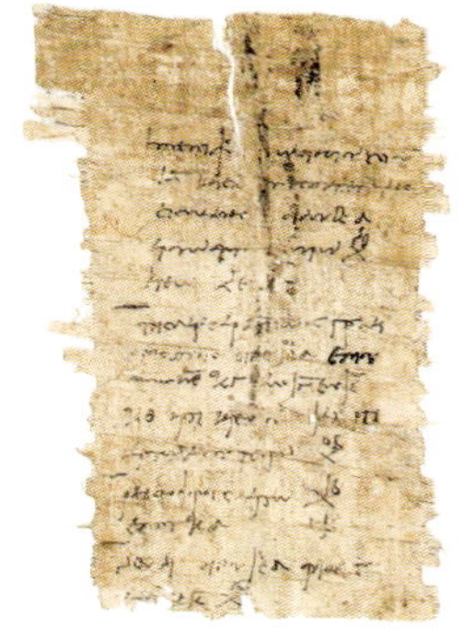

图2-8　纸草书籍的残片

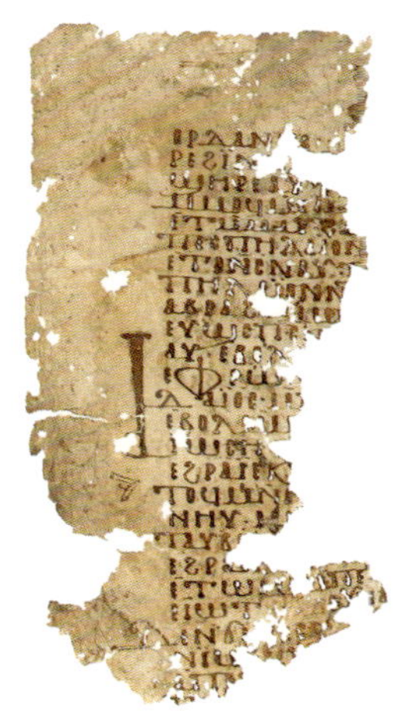

图2-9　公元591年的羊皮纸书籍残片

图2-10　“册本”已经具备了现代书籍的基本形态特征

通过古希腊的米诺亚文化，西方文明间接地受到了埃及人的影响，在很长时间内书籍也都是以纸草卷轴的形式为主。纸草是尼罗河流域两岸盛产的一种植物，经过切割、捶打和抛光等加工处理后可以作为书写的载体，现代纸张的英文单词“Paper”就是由纸草“Papyrus”演化而来的。中世纪左右，羊皮纸开始替代纸草成为了当时西方书籍制作的主要材料，由于羊皮纸柔软、易于裁切和折叠的特性，公元85年出现了用羊皮纸制作的“册本（Codex）”，这是一种由数张木片、羊皮纸和绳子装订而成的多页的、全新的书籍形态，因此也被人们普遍认同为现代书籍的雏形，到了公元5世纪左右，册本基本取代了卷轴而成为了西方书籍的主要形式（图2-8至图2-10）。

在印刷术发明之前的漫长岁月中，书籍的内容，包括文字、插图和装饰都是以手工方式完成的，因此这个时期又称为手抄本时代。早期的西方手抄本书籍带有浓重的宗教色彩，书籍的设计和制作大多是在修道院和其他宗教机构中进行，并通过僧侣和工匠完成的。手抄本的书籍通常以昂贵的羊皮纸为材料，并配以贵重的金属和珠宝进行装饰，这也使当时的书籍成为了只有少部分显贵才能享受的奢侈品，在这一时期的书籍版面中，通常绘制有大量精美的插图，中世纪的“凯尔特风格”以及10世纪左右的西班牙手抄本书籍都体现出了明显的装饰性，这一特征对进入印刷时代以后的西方书籍产生了深远的影响。公元789年，法兰克人查里曼皇帝命令全欧洲统一手抄本书籍的字体、装饰和版面标准，从而加速了西方古典时期书籍设计制作的规范体系的形成（图2-11至图2-13）。

随着对中国的印刷术的引入，西方逐步摆脱了手抄书籍的束缚，开始以雕版的方式进行着印刷书籍的尝试，到公元15世纪前后，印刷的书籍在欧洲已经十分普及了。15世纪中叶，德国人谷腾堡（ Johannes Gutenberg）发明了金属（铅合金）活字印刷术和木制印刷机，这些具有现代意义的技术革新无疑是书籍历史上的又一次重大突破。谷腾堡不仅是技术的革新者，也是书籍创作的实践者。大约在1455年，在进行了多年实验后，谷腾堡用金属活字的技术成功印刷了一本完整的，史称为《42行圣经》的大开本圣经，在这本书籍中，版面形式较先前手抄本书籍的版面更为工整和规范，并形成了包括标点、符号、

图2-11　公元5—6世纪的《梵蒂冈的维吉尔》是目前存世最早的手抄本书籍

图2-12　公元680年的《都罗之书》是凯尔特人手抄本书籍的代表

图2-13　13世纪的法国书籍，封面镶嵌了大量金属纹样和宝石进行装饰

图2-14　西方雕版印刷书籍的设计制作流程

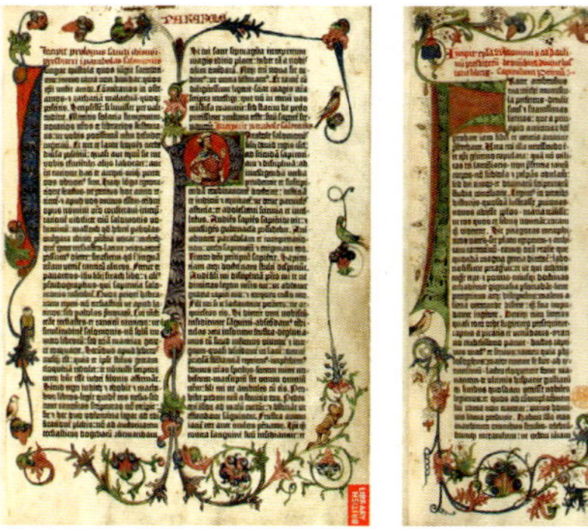
图2-15　1455年谷腾堡的《42行圣经》的内页版面

图2-16　15世纪的西方书籍

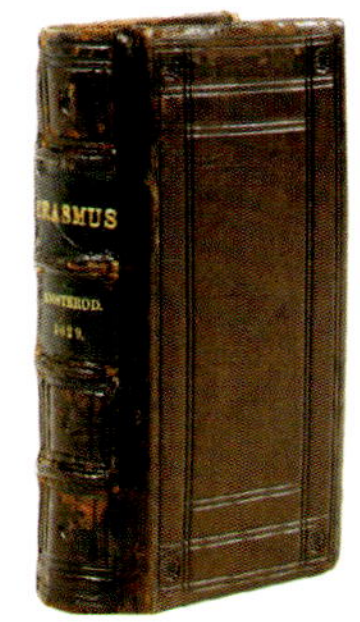

图2-17　18世纪的西方书籍

图2-18　17世纪的西方书籍

图2-19　19世纪的西方书籍

THE LYF OF ADAM.
THE SONDAY OF SEPTUAGESME BEGYNNETH THE STORYE OF THE BYBLE, IN WHICHE IS REDDE THE LEGENDE AND STORYE OF ADAM WHICHE FOLOWETH.

IN the begynnyng god made & created heuen and erthe. The erthe was ydle and voyde and couerd with derknes. And the spyrite of god was born on the watres. And god said ☾Be made lyght, & anon lyght was made. And god sawe that lyght was good, and dyuyded the lyght fro derknes, and called the lyght day & derknes nyght.

AND thus was made lyght with heuen & erthe fyrst, & euen and mornyng was made one day. ☾The seconde day he made the firmamente, and dyuyded the watres that were vnder the firmament fro them that were aboue, & called the firmament heuen. ☾The thyrde day were made on the erthe herbes and fruytes in theyr kynde. ☾The fourth day god made the sonne and mone and sterres &c. ☾The fyfth day he made the fisshes in the water and byrdes in thayer. ☾The sixthe day god made the beestis on the erthe, euery che in his kynde & gendre. And god sawe that all thyse werkes were good and said ☾Faciamus hominem &c, Make we man vnto our similitude and ymage. Here spack the fader to the sone & holy ghooste, or ellis as it were the comune voys of thre persones, whan it was sayd make we, and to oure, in plurel nombre. Man was made to the ymage of god in his sowle. Here it is to be noted that he made not only the sowle without the body, but he made both body & sowle. As to the body he made male and female. ☾God gaf to man the lordship and power vpon alle lyuyng beestis. Whan god had made man it is not wreton. ☾Et vidit quod esset bonum, quia in proximo sciebat eum lapsurum. For yet he was not parfyght til the woman was made, and therfore it is red, it is not good the man to be allone.

图2-20　威廉·莫里斯的书籍设计将古典风格发挥到了极致

注释、目录、扉页在内的一系列接近现代书籍的格式体系。作为西方历史上最早的一部活字印刷作品，这部书籍也标志着古典时期西方书籍基本样式的确立（图2-14至图2-16）。

也正是从这一时期开始，人们对于书籍设计产生了前所未有的热情，西方的书籍设计、制作和出版因此得到了飞速的发展。在其后三四百年的时间里，大批工匠、设计师和艺术家投入到了书籍的创作中，伴随着技术的改良和艺术流派的影响，各个时代，各个国家的书籍创作都呈现出了一定的差异。尽管如此，直到20世纪之后，从总体的视觉面貌上，西方书籍都保持了自谷腾堡时代以来形成的基本特征，而19世纪末工艺美术运动的领袖人物——英国人威廉·莫里斯（William Morris）则通过长期的创作和实践，将这种书籍的古典风格推向了极致（图2-17至图2-20）。

2.3　中国书籍的演化

在近五千年的文明历史中，中国人的两项发明——纸张和印刷对于人类书籍是具有决定性意义的，实际上这也是现代书籍赖以成型的必要条件。而在此之前，与同时期的文明一样，古代中国人的书籍也是以自然物为载体的。在河南安阳发现的“殷墟”中曾经出土了大量刻有文字的龟甲和兽骨，距今已有3 000多年，在商周时期，刻画了铭文的青铜器也可以被看作为书籍的一种特殊形态。尽管无论在形态还是信息量上，这些书籍都无法与现代书籍相提并论，但作为特殊历史条件下的产物，这些原始形态的书籍往往也是现代考古的重要依据。在此之后，为了传文载道，中国人开始探索更为合理的文字承载方式，形成了简策书籍、卷轴书籍、经折装书籍、旋风装书籍、蝴蝶装书籍、包背装书籍和线装书籍等多种形态，这种书籍的演变过程也蕴涵了中国人特有的智慧和哲学。

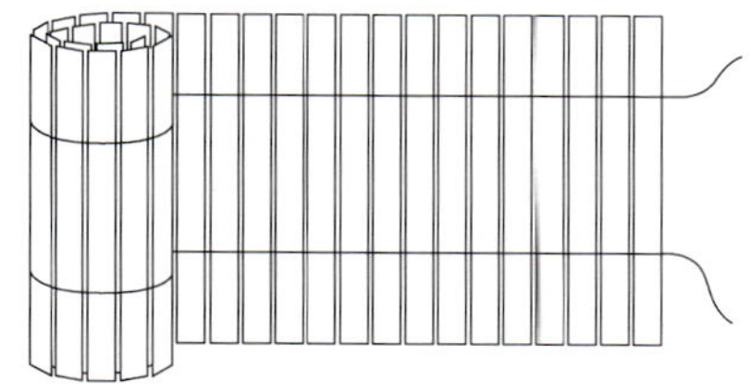

图2-21　简策书籍结构图

简策书籍——尽管刻画了文字的龟甲或兽骨具备了书籍的基本属性，但始终与现代书籍的形态有着较大的差异，而被普遍认同的中国书籍雏形则是起源于西周后期，一直延用到公元4世纪左右的“简策”，这也是在纸张发明前中国最具代表性的书籍形态。“简策”是由带有孔眼，刻写了文字，用绳联结而成的长条形状的竹木片，其中单根的被称为“简”，多根的、用绳连接成卷的被称为“策”，相对于之前的书籍，“简策”可以根据文章的长短定制，具有一定的灵活性，不过由于材料特殊，“简策”书籍的重量和体积十分惊人，阅读和携带非常不易，据说西汉的学者东方硕曾经向皇帝提交的一份普通文书就耗费了近三千个竹简，动用了两个强壮的侍卫来搬运（图2-21、图2-22）。

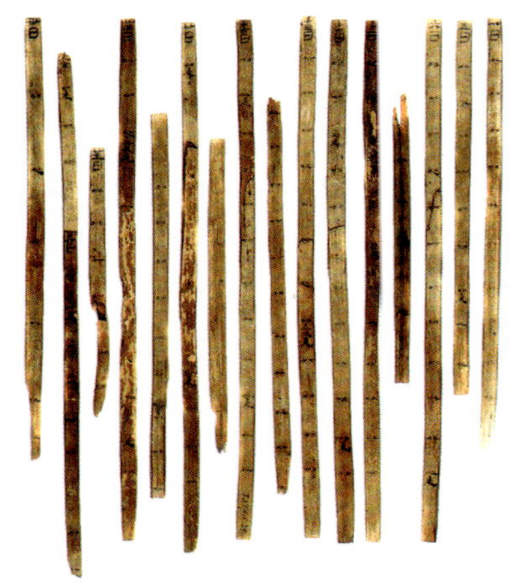

图2-22　散落的简策书籍

卷轴书籍——在古代埃及和希腊文明中，卷轴也是主要的书籍形态。中国的卷轴书籍是从简策发展而来的，开始于周朝，盛行于隋唐。早期的中国卷轴书籍以丝帛织物为材料，因此又被称为“帛书”，《墨子》中就曾提到过“书于竹帛”，在纸张发明之后，卷轴书籍基本改为了纸写本。在结构上，卷轴书籍通常由卷、轴、缥、带四部分组成，它将书页横向拼接成长卷，末尾配轴，外口系上丝带，卷口背面注写书名，阅读时展平，收纳时束起。相比之前笨重的“简策”，卷轴书籍轻巧便携，易于保存，因此也是中国历史上应用时间最久的书籍形态，直到现在大部分传统中国字画的装裱仍沿用了这种形式（图2-23、图2-24）。

经折装书籍——受到印度“贝叶经”的影响，中国的经折装书籍开始于唐朝末年，因最初多用于佛教典籍而得名。针对卷轴装书籍烦琐的阅读过程，经折装的改进方法是将长幅的书页按一定的规格反复折叠成册，并在其前后两端裱上夹板作为封面和封底。在现代，例如画册、字帖等书籍的出版中，这种书籍形态仍然具有一定的实用价值（图2-25、图2-26）。

旋风装书籍——旋风装书籍是在经折装书籍的基础上改进成型的，从外部形态来看，旋风装书籍与卷轴书籍的区别不大，主要的差异在于卷轴的内部结构，虽然经折装书籍改善了卷轴书籍阅读不便的缺陷，但是由于长期翻阅会把折口断开，使书籍难以长久保存，所以中国人开始把写好的书页按照先后顺序依次相错地粘贴在整张纸上，形成了介于卷轴和册本之间的书籍形态，这样既便于阅读又利于书籍的保存（图2-27）。

蝴蝶装书籍——蝴蝶装书籍出现在唐末，盛行于宋代，而在此之前，中国的雕版印刷技术已经相当普及。与西方早期的“册本”相似，蝴蝶装书籍也是一种真正意义上的多页书籍，而其后的包背装书籍和线装书籍则是在这种形态基础上的一系列改良。从基本特征来看，蝴蝶装书籍以书页中缝为准，将印有文字的书页向内对折，并将对折后的书页粘结成册，在翻阅的过程中，蝴蝶装书籍的书页如同蝴蝶两翼翻飞，因而得名。但由于受到单板印刷的限制，蝴蝶装书籍的书页之间不可避免地形成了空白页，因此阅读过程不是那么流畅（图2-28、图2-29）。

包背装书籍——包背装书籍是蝴蝶装书籍的改进形式，这种书籍出现于元初，盛行于元末明初。在外部形态上，包背装书籍以纸捻穿订代替了蝴蝶装书籍的粘接，而因其包背纸（封面）不穿纸捻，因此得名。包背装书籍与蝴蝶装书籍的主要区别在于对折书页时文字朝外，背面相对，书页呈双页状，而这种书页形态弥补了蝴蝶装书籍空白页面的缺陷，保证了书籍内容的连贯性（图2-30）。

线装书籍——线装书籍起源于唐末宋初，盛行于明清时期，是中国古代历史上最完美的一种书籍形态。与包背装书籍的结构略有不同，线装书籍将封面和封底粘贴在书芯表面，一起打眼钉线，书脊和锁线外露，相对前者，线装书籍更为牢固耐用。作为古代中国最具代表性的书籍形态，线装书籍有着与现代书籍截然不同的视觉气质，因此常常被现代书籍设计用作为一种特殊形态的表现手段（图2-31至图2-33）。

图2-23　卷轴书籍结构图

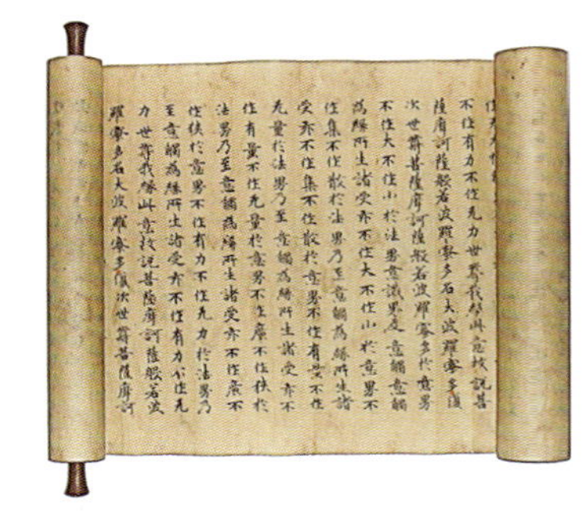

图2-24　公元8世纪左右卷轴形式的佛经

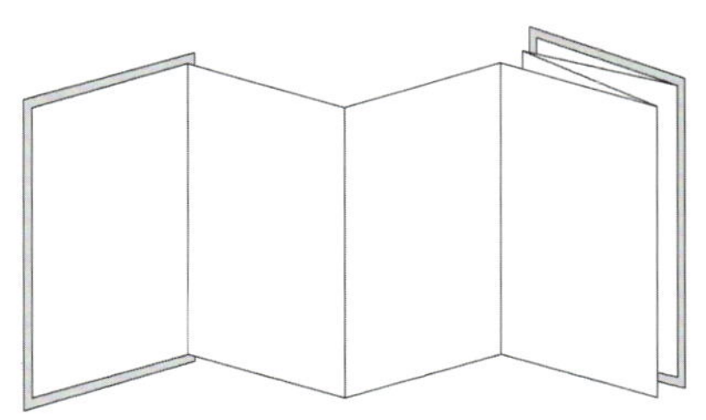

图2-25　经折装书籍结构图

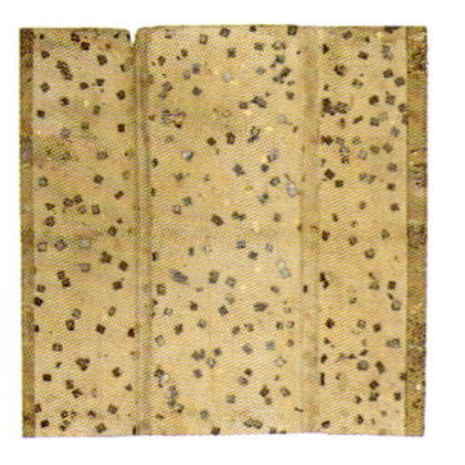

图2-26　14世纪日本经折装的佛教典籍

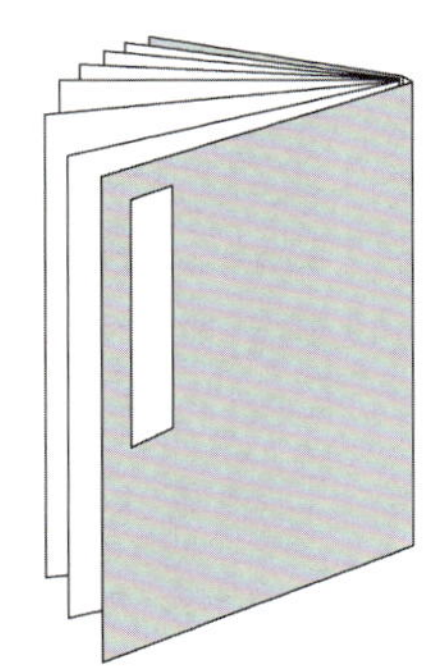

图2-28　蝴蝶装书籍结构图

图2-29　中国元代的蝴蝶装书籍版面

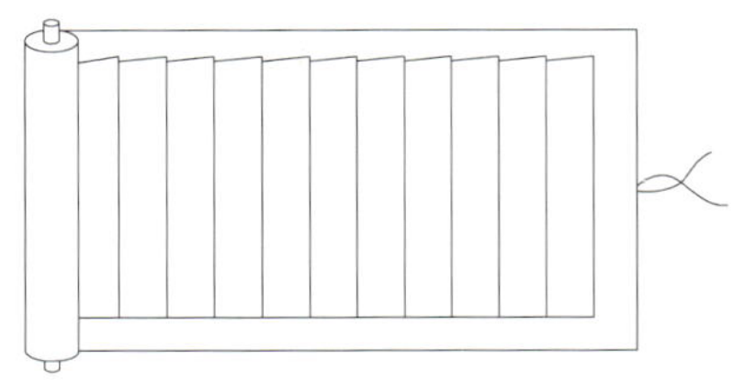

图2-27　旋风装书籍结构图

图2-30　包背装书籍结构图

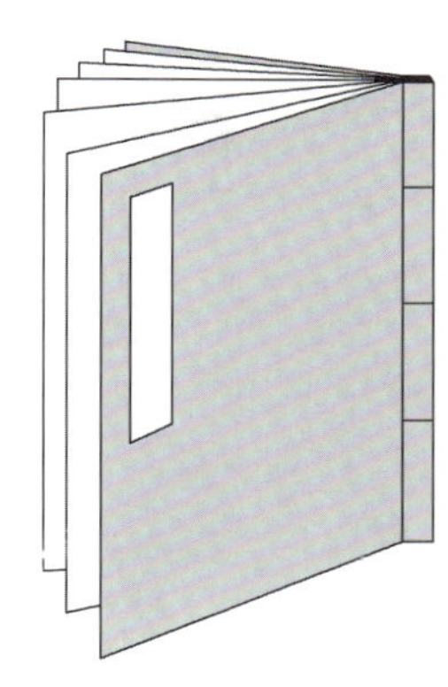
图2-31　线装书籍结构图

图2-32　中国清代的线装书籍

图2-33　现代的线装书籍

图2-34　20世纪早期逐渐西化的中国书籍

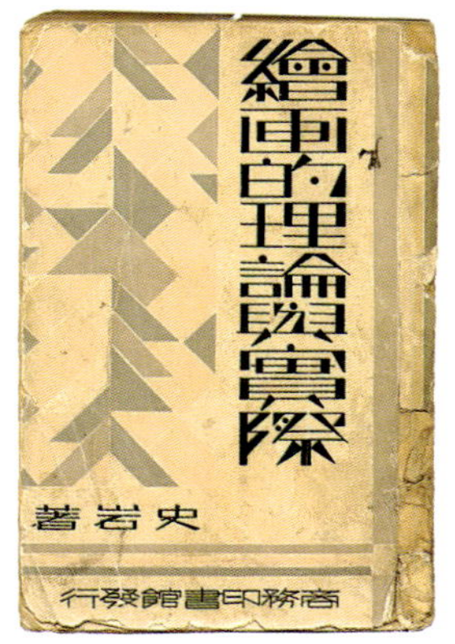

图2-35　20世纪早期逐渐西化的中国书籍

在进入印刷时代以后，受到了保守的印刷工艺和传统观念的制约，中国古典时期的书籍严格遵循了某种“隐形”的体系，形成了稳定而独具特色的视觉风格，与西方同时期的书籍相比较，中国的古籍简约朴素，不嗜装饰，体现了特殊的美学价值。随着20世纪初西方现代印刷和装订技术的引进，经由新文化运动的推广，中国书籍才逐步摆脱了延续了将近千年的“传统”，逐渐步入了现代进程（图2-34、图2-35）。

2.4　现代的书籍

应当说，现代书籍纸质的、多页的特征与数百年前古典时期的书籍基本无异，而两者之间的区别更多集中于书籍的视觉样式上。20世纪初，西方书籍的创作受到了当时新兴的艺术运动的影响，开始逐渐摆脱传统的古典主义模式，呈现出一定的新意。其后的现代主义观念则迅速波及了绘画、平面、雕塑和建筑各个领域，而书籍作为宣传的重要工具自然成为了革新的首要对象，从早期的构成主义、风格主义到新版面运动以及包豪斯，书籍的现代样式逐步地确立了起来。在视觉特征上，一改古典时期形成的对称的、装饰性的书籍风格，标榜现代主义的书籍开始使用大量更具时代精神的无衬线字体、几何图形和摄影图像，采用了非对称的版面样式和反装饰的简约风格，强调信息传递的准确性和清晰性，特别是在20世纪中期由瑞士开始的国际版面运动中，网格开始取代古典时期的经验体系成为了书籍设计的重要准则，依靠这一方法论，功能主义迅速成为了现代书籍设计的主导。当代绝大多数的书籍和出版物的设计仍然是建立在这一时期形成的样式和理论的基础之上的（图2-36至图2-41）。

而从上个世纪末开始，印刷技术的发展和数字化技术的运用又使得人类的书籍创作呈现了新的发展方向，在技术手段上，印刷制作流程的自动化使得书籍的生产效率和细节质量都大大超过以往任何一个时代；在表现手段上，印刷技术作为派生的设计语言也开始成为书籍设计中不可或缺的重要部分，特殊的工艺，多样的油墨、纸张和印刷材料丰富了书籍在形态、结构、色彩和肌理

图2-36　新艺术风格的书籍设计

图2-37　20世纪30年代的书籍设计，受到了多种艺术风格的影响

图2-38　构成主义风格的书籍设计

图2-39　典型的现代主义风格的书籍设计

图2-40　用网格构建的现代主义风格的书籍版面

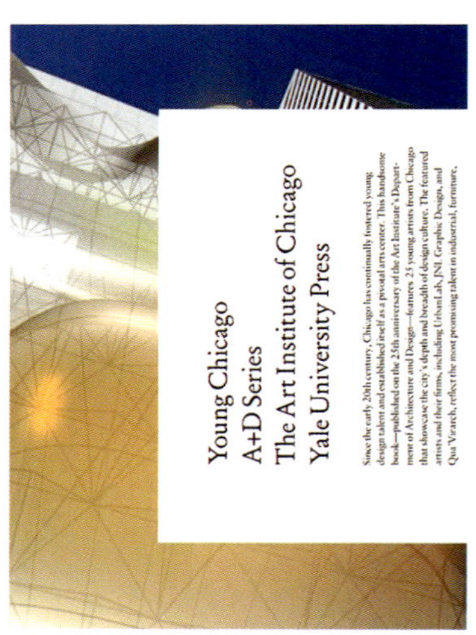

图2-41　当代具有现代主义风格的书籍设计

图2-42　现代书籍图文形式的趣味性

图2-43　现代书籍材料的时代性

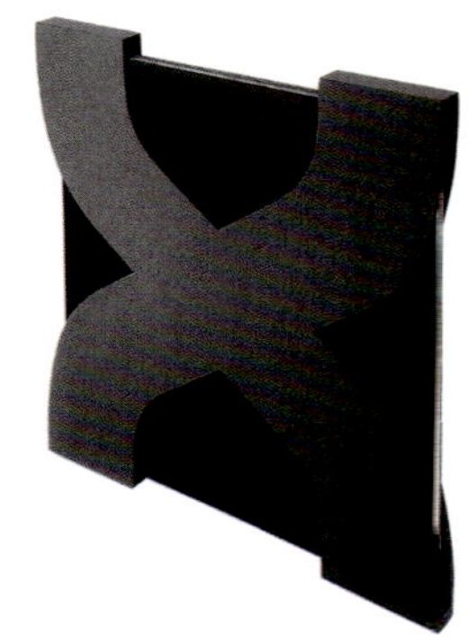
图2-44　现代书籍形态的特殊性

上的视觉表现；同时，数字化的创作方法也使书籍的设计过程更为规范和标准，而借助各种类型的计算机辅助软件，设计师的创造能力也得到了前所未有的发挥，现代书籍的视觉样式开始表现出明显的趣味性、民族性、时代性和观念性。客观地看，在当代更为宽容和多元的审美背景下，传统的、现代的或是具有后现代色彩的书籍设计价值都普遍地得到了人们的认同（图2-42至图2-44）。

2.5 书籍的发展与未来

“印刷形态”的书籍已经有了近千年的历史，至今仍然是人类信息传播的主要手段之一，而在最近数十年的时间里，数字媒体和网络技术的发展正在悄悄改变着书籍的形态，正如同历史上纸张和印刷的发明一样，这些新技术终究会促成全新的书籍形态的形成，为人类的信息传播带来革命性的进步。

在《书籍的历史》一书中，法国史学家弗雷德里克·巴比耶（Fredric Barbier）就描述了一种新型的书籍形态，“帕罗·阿尔托和哈佛实验室曾致力于发明一本电子书，它看上去就像电视屏幕，或者就像一普通书，只不过书页是一些没有任何字符的塑料。读者使用磁盘、芯片或通过电信网络发送数据或程序，根据个人需要处理屏幕或书页上的文章”。巴比耶描述的正是当今被称为电子书籍的全新的书籍形态。电子书籍实际是将信息以数字化的方式存储（通常是硬盘和光盘），并通过特定的显示设备进行阅读的后现代书籍形态。电子书籍具有多方面的优势，首先是存储载体的革新，数字化技术可以将成千上万本书籍的信息容纳于一个小型的存储器中，书籍的体积和重量大大减少。而电子书籍的另一个优势就是多媒体技术的运用，传统的纸质印刷书籍是无声的、静态的，而凭借多媒体技术，电子书籍中可以加入大量的声音和视频等动态信息，因而超越了传统书籍“图文并茂”的要求，给读者带来了前所未有的视听感受（图2-45、图2-46）。

尽管依据现有的技术条件，保守的学者对这种电子书籍的普及和时代意义提出了质疑，并从载体的便捷性等方面提出了相反的意见，然而他们却忽略了现代技术加速度发展的态势，事实上，进入21世纪以来，书籍电子化的进程更快了，轻薄的电子纸张，便携的阅读终端等一系列新技术和新设备的涌现，预示着人类与全新的阅读时代之间的距离已经不再那么遥远了。“在2020

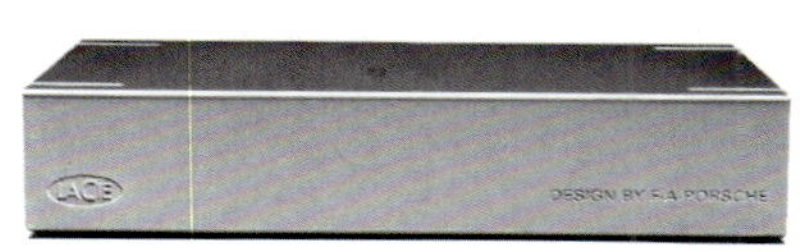

图2-45 数据存储器（硬盘）也可以看做是一种数字时代的书籍形态

图2-46 光盘形式的书籍

年以前，书写装置将能提供非常接近纸张的体验，从而将目前的纸质模式改变为数字传播，到那时，90%的书籍、杂志、报纸等都将以电子书籍的形式出版发行，那将标志着纸质书籍时代终结的开始。”微软的副总裁迪克·布拉斯（Dick Brass）曾经作出了这样大胆的预测（图2-47至图2-50）。

如果将数字化的存储载体比作纸张的话，现代网络技术更类似于印刷，正如当年印刷对于书籍传播的革命性作用一样，网络技术为书籍的后现代化进程提供了强劲的助推，很显然，这种助推的速度和效率是传统的印刷手段所无法相比的。当代网络的信息量正以惊人的速度扩张，“网络阅读”大有取代“传统阅读”的趋势，可以预见的是，数字技术和网络不仅将改变书籍的形态，也将改变与之相关的行业，未来的出版社和图书馆或许要加以重新定义。未来的书籍到底会进化到何种程度，而纸质书籍是否会作为人类历史性的回忆而得以延续，这一切在目前看来都无法准确确定论，但有一点可以肯定的是，出于人类天性的审美追求，未来的书籍作为人类文明的再次升华，必然也需要有与之相匹配的视觉内容。

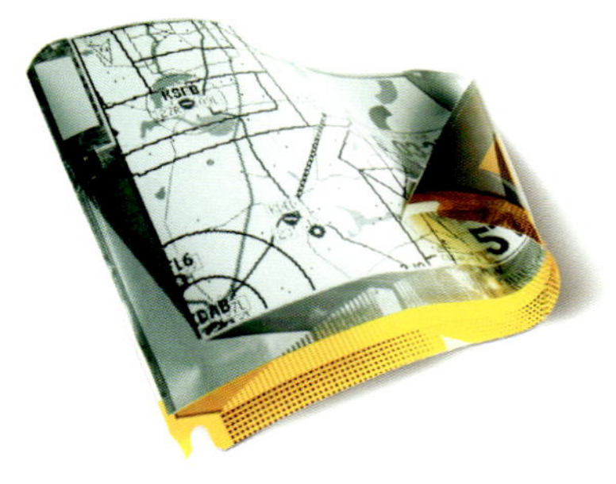

图2-47　电子纸张已经具备了传统纸张的基本特性

图2-48　电子书籍阅读器

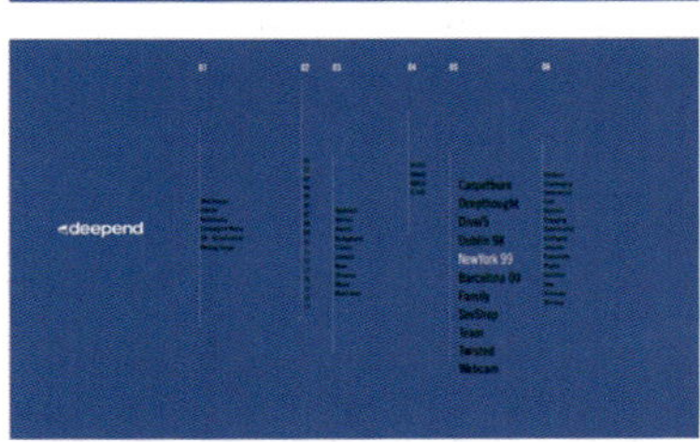

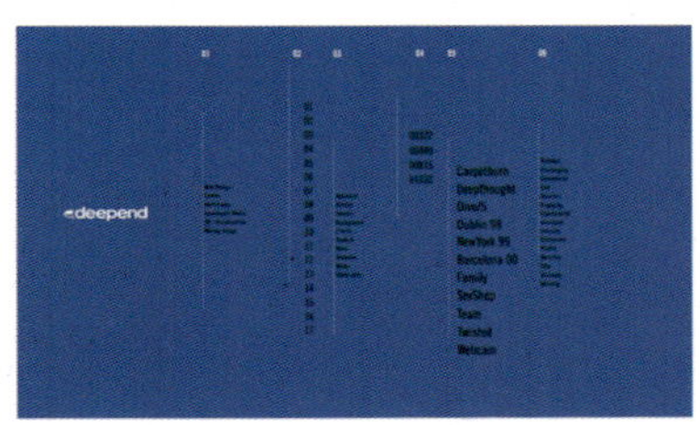

图2-49　网络中的信息阅读是互动形态的

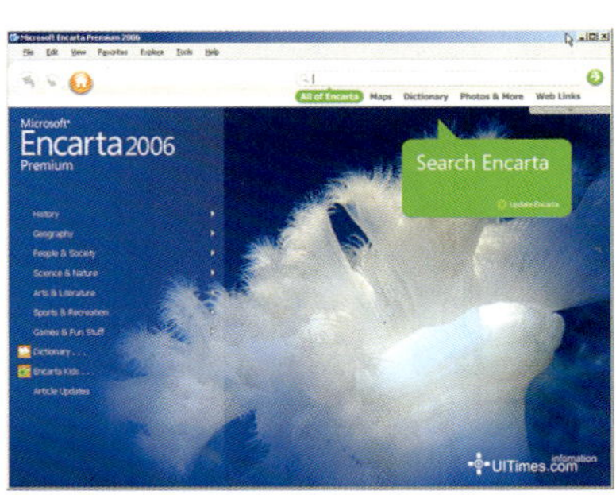

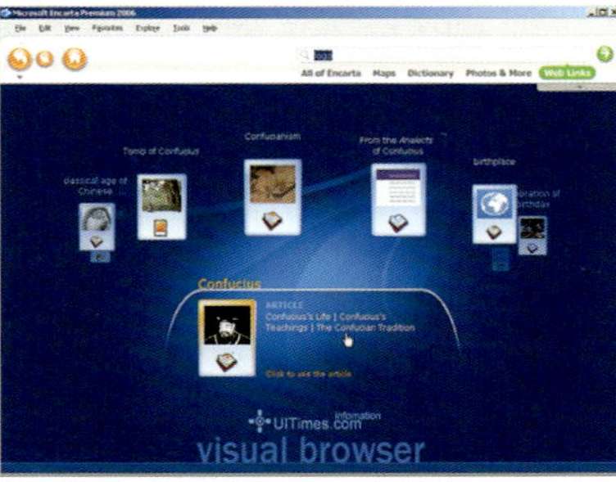

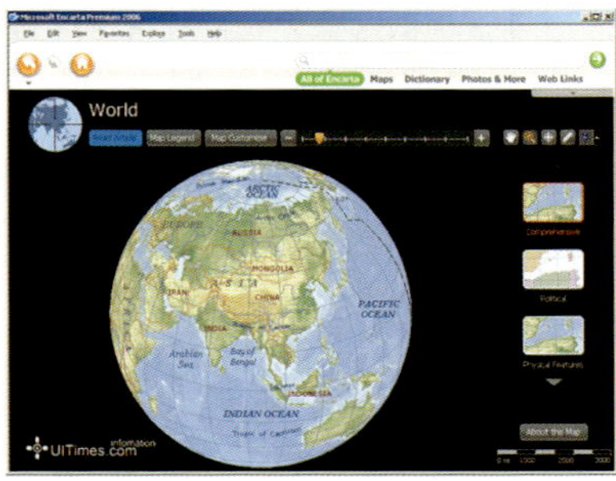

图2-50　微软公司出品的网络百科全书

3 书籍的开本设计

在大多数情况下，“开本”是人们在形容书的大小的时候最经常使用的词汇。与“形态”这种具有多维意义的词汇不同，开本更类似于对书籍二维方式的描述。几乎所有的书籍设计都是从开本着手的，作为一个预先设定的尺寸，开本决定了书籍视觉内容的比例和范围，并与书籍的类型、书籍的成本以及书籍的整体视觉效果都有着直接的关联。

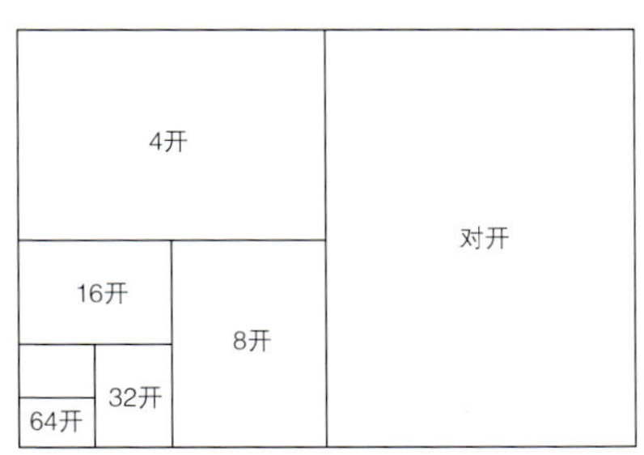

3.1 开本的概念

开本特指书籍中书页幅面的大小，也就是书籍的成品尺寸，它与纸张联系密切，通常人们将未进行裁切的纸张称为“全张纸”，而开本则是用全张纸进行等份裁切后形成的幅面大小。纸张的裁切一般包括正开法、畸开法和套开法三种类型。正开法是以2为级数进行裁切的方法，形象地说——将全张纸对折裁切后形成的幅面称为对开或者半开，而将对开纸张再次对折裁切后形成的幅面称为4开，以此类推可以产生8开、16开，而常见的32开也就是将全张纸进行5次这样的裁切后形成的幅面。正开法这种规范的纸张裁切方法不仅充分利用了纸张的幅面大小，而且便于书籍的印刷、折叠和装订，在后期工艺上具有很强的适应性，因此也是目前最为普及的纸张开法，现代书籍的开本大部分都是通过这种纸张裁切方法形成的。而畸开法（或者称为三开法、五开法、七开法）是不以2为级数的纸张裁切方法，因此可以形成其他比例尺寸的开本，如12开、20开、28开、36开等，尽管也充分利用了全纸张的幅面，但这种方法裁切出的纸张有单双数之分，因此在书籍的后期印刷和装订中具有一定的局限性。而为了书籍设计中的特殊需要，开本尺寸往往需要自行设定，这种异形开本则需要通过套开法形成，相对于前两种纸张开法而言，由于尺寸的特殊性，套开法无法充分利用全张纸的幅面大小，在裁切的过程中多少会造成纸张的浪费，增加书籍的印刷成本，因此并不是最常用的、经济性的开本选择（图3-1至图3-3）。

图3-2　畸开法

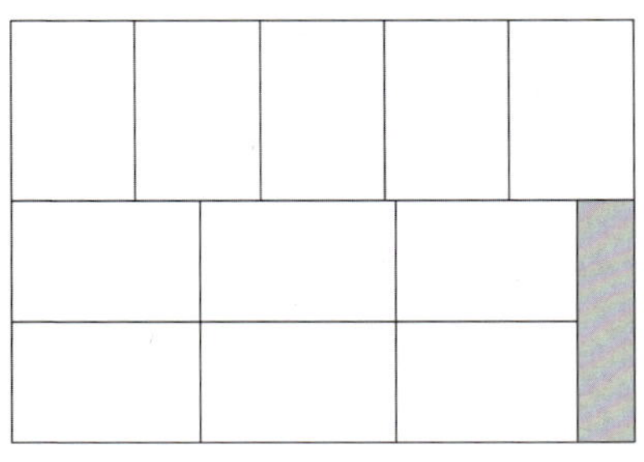
图3-3　套开法

开本也与纸张本身的尺寸相关，目前国内外纸张的规格并不完全统一，全张纸又可分为正度全张纸789 mm × 1092 mm和大度全张纸880 mm × 1230 mm两类，以正度全张纸裁切出的开本被称为正度开本，而以大度全张纸裁切出的开本则被称为大度开本。尽管开本标号相同，在实际的视觉经验中，大度和正度的开本在大小形态上的差异还是十分明显的。

3.2 开本的经济性

书籍是纸张消耗量巨大的平面项目，尤其是对于商业化背景下大规模的书籍出版而言，作为书籍纸张幅面的大小，开本在一定程度上决定了书籍用纸量的大小，因而往往也影响了书籍的成本和最终价格，从这一角度来看，在书籍设计中，开本设计具有追求经济性的功能目的。就目前看来，采用正开法和畸开法裁切形成的“标准开本”具有绝对的经济性，这两种纸张裁切方法充分利用了全张纸的幅面大小，而且便于书籍后期的印刷和装订，因此是一种最经济的开本选择。对于套开法而言，尽管无法充分利用纸张，但在这种异形开本的设定中，针对选用的纸张规格进行合理的划分和细节调整，仍然可以尽量减少纸张的浪费，获得最大程度的经济性。

图3-4　不同开本的书籍在视觉形态上的差异

3.3 开本的功能性

作为书籍设计的重要组成部分，开本在表面上具有一定的主观性，而在现代书籍设计中，决定开本的往往首先是书籍本身的属性而并非设计者的主观意识，书籍开本的选择必须围绕着书籍本体，从书籍的性质、读者定位和阅读方式等诸多功能性的方面进行综合考虑。

32开本作为最常见的大众书籍开本，在这一开本的幅面中，人们习惯的阅读距离可以得到最经济的体现，因此这种开本广泛适合文本类的书籍；16开本则有着更多的“显示”面积，适合图文混合的，视觉样式相对复杂的书籍；而4开、8开等大型的开本则能更清晰地还原书籍版面中视觉元素的细节，因此更适合以图像表达为主的书籍，也正是这个原因，绘本形式的儿童书籍往往选用较大的开本。开本的功能性还体现在书籍的使用性质上，字典、辞典等工具类书籍常常以42开以下的小开本形式出现，这种小开本轻巧便携，便于人们随时随地翻阅。而那些带有纪念或收藏性质的书籍大多在固定的场合阅读，因此可以不必有更多便携性的顾虑，而相对于小型的开本，大型开本往往会使读者在书籍的阅读过程中形成庄重的视觉心理感受，为书籍带来特殊的价值感（图3-4至图3-6）。

图3-5　小开本书籍具有便携的使用价值

3.4 开本的审美性

对于开本经济性的追求往往使书籍的设计者们忽略了开本潜在的审美特征，这种审美特征集中体现为书籍开本中长宽边的比例关系。20世纪现代主义版面的先驱——德国人简·奇措德认为开本的比例在一定程度上决定了书籍的美与丑。在书籍设计中，具有和谐比例关系的开本不仅为书籍带来了最表面、最直观的审美效应，也为书籍的内在版面奠定了和谐的比例基础。在人类书籍设计的历史中，早期的书籍实践者们就已经认识到了开本的审美属性并将比例关系注入其中，力图找寻出所谓的完美开本，形成了例如黄金分割的开本比例

图3-6　大开本往往为书籍带来了特殊的价值感

（1∶0.618）、平方根（1∶1.414）的开本比例、简·奇措德的（2∶3）开本比例等至今仍然具有实用价值的比例关系。而尽管很少受到同时期西方文明的影响，中国宋代书籍的开本却也十分巧合地体现出了接近于黄金分割的比例关系（图3-7至图3-10）。

现代标准的全张纸的规格是近似于黄金比例的，因此正开法形成的常规的、标准化的开本具有普遍的审美属性。而在这种标准开本的比例基础上进行适当的调整和夸张，则能带来有异于常规开本的新鲜感，为书籍带来戏剧性的视觉效果。具体地说，在书籍开本中，依据长边与宽边比值的不同大致可以分为方开本、竖开本和横开本，在画册的设计中，方开本或接近方形的开本能较好地适应画幅尺寸的变化，同时也易于形成中性的、稳定的“展示”空间。在文学类书籍，特别是诗歌、散文等书籍的设计中，狭长的竖开本往往更适合文本的编排体例，同时也能带来与文本性质相呼应的古典、唯美的视觉气质。而横开本则更类似于现代影视创作中画面的标准比例，这种开本带来了更宽阔的视觉感和生动的场景感。在现代书籍开本的选择和设计中，文本编排和图像

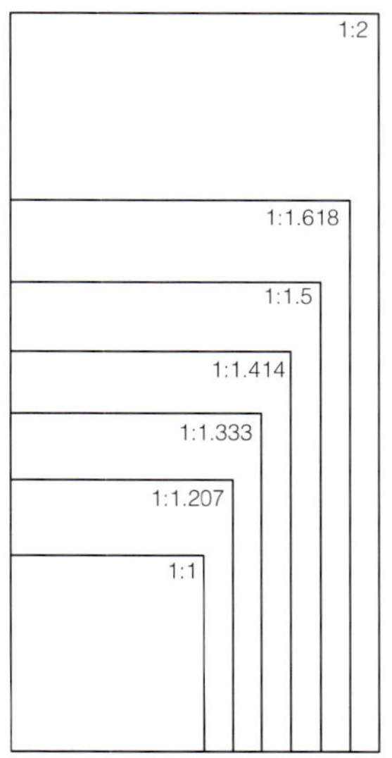

图3-7　各种比例的开本尺寸

图3-8　黄金比例（1：0.618）的书籍开本

图3-9　平方根比例（1：1.14）的书籍开本

图3-10　2：3比例的书籍开本

构成的特征往往也是重要的客观依据，建立与之呼应的开本比例可以强化书籍中这些信息内容的视觉特征，增强书籍开本与书籍内容之间的关联性和整体性（图3-11至图3-15）。

尽管开本更多是针对书籍二维属性的描述，但在另一个层面上，由于开本的选择与书籍的编辑体例密切相关——相同的内容，不同的开本会导致书籍编辑体例的差异，带来书籍版面信息的密度、版面编排的方式以及页面的数量等多个方面的变化，很明显的，在相同的内容和编排体例下，小开本的书籍往往需要占用更多的篇幅，带来书页厚度的增加，从而使得书籍的立体特征更加明显，体积感和空间感更为强烈，因此，在现代书籍设计中，开本对书籍整体形态的影响也是多维的。

图3-11　袖珍开本是功能性也是趣味性的体现

图3-12　横开本为书籍带来了场景化的视觉效果

图3-13　狭长的竖开本具有古典和庄重的视觉感受

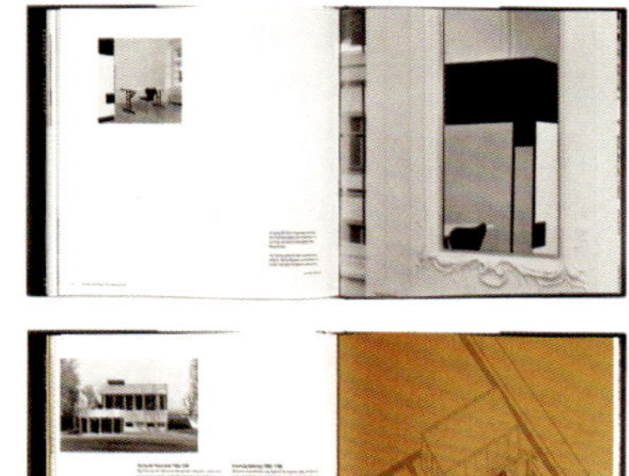

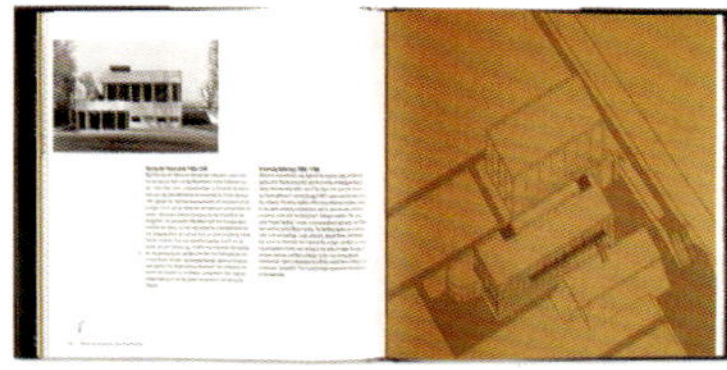

图3-14　方开本的视觉空间稳定，适用于图像作品的展示

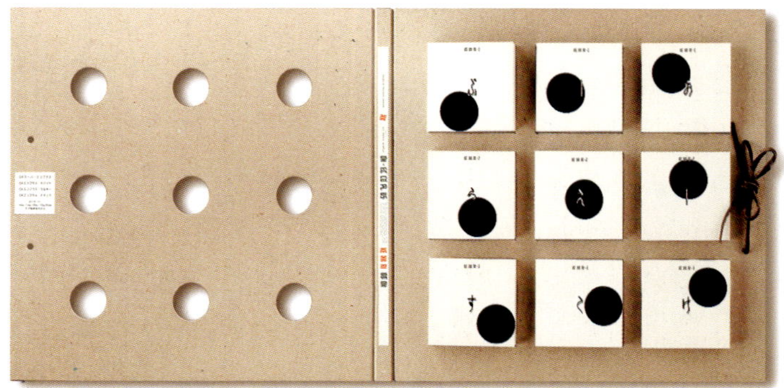

图3-15　利用开本的特殊性形成的书籍形态创意

4 书籍的形态设计

从字面意义来看，形态包括了外形、造型、神态等具象和抽象的视觉语素，对于书籍而言，与开本相比较，形态的内容不仅包括了书籍二维的样式，也包括了书籍的三维造型，因此是对书籍更为全面和整体的描述。在书籍发展的历史中，真正具有时代意义的飞跃和发展大多伴随着书籍形态的革新，从人类历史早期以自然载体为主的书籍到手抄时代的卷轴书籍再到现代的册页书籍，这种形态的革新几乎就是书籍不断“进化”的标志。人类历史早期书籍形态的进化是侧重“功能性”的，更多是以实现“阅读”和“传播”等本体价值为目的，而在目前看来，现代书籍的形态似乎已经进化到了完美的程度——在将近数百年的时间里，书籍的形态几乎再也没有发生过太大的变化，在某种意义上，当前的书籍形态设计更多是出于“艺术性”的目的，为现代书籍带来了更多在形式和意象上的附属价值。

4.1 形态的构成

块状的、片状的、笨重的、轻薄的——人类历史早期的书籍形态总是显得模糊不定，直到公元5世纪前后，书籍的形态才逐渐稳定，日渐清晰起来。这种多页的，经过折叠、裁切和装订而成的书籍在形态上已经与现代的书籍十分的接近了。为人们所公认的现代书籍形态则成型于印刷和纸张发明后的古典文明时期，15世纪谷腾堡的书籍印刷实践基本确立了西方乃至整个世界范围内书籍的基本形态。现代的书籍绝大多数继承了西方的形态传统，采取了以左为装订口，从右往左的翻阅秩序，而一本完整意义上的现代书籍则大致包括了书套、书封、书页、书脊和书口等基本的结构部分，这些基本结构共同构成了现代书籍的主体形态（图4-1）。

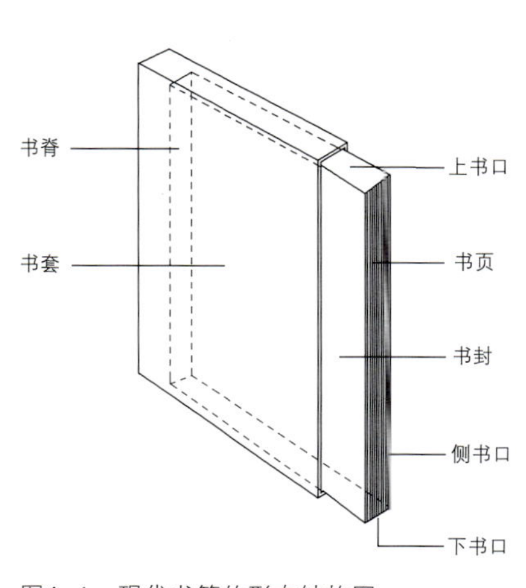

图4-1　现代书籍的形态结构图

书套——书套常见于系列书籍或者精装书籍中，是书籍最外部分的包装，大多数是与书籍本身脱离的，起到对书籍的收纳和保护作用。中国古代就有在书籍外面添加防护装具的传统，并形成了帙、函、套和夹板等多种形式。由于相对独立的结构和仅仅作为“容纳”的功能，书盒在形态和材质上较少受到限制，从而对书籍的整体形态产生了十分明显的影响。在现代书籍中，书籍的这种“包装”形态多样，可以是盒状的、套状的，也可以是袋状的，甚至是与书籍本身造型毫无相关的形态，事实上，很多现代书籍的创意就集中体现在书盒中，这些夸张的形态创新为书籍带来了最表面、最直接的视觉感受（图4-2至图4-5）。

书封——作为书籍的第一面孔，书封的视觉形式是十分重要的，而从形态的角度来看，绝大多数的书封与书页一样，都是平面形态的，区别无非是在用纸的厚薄以及肌理上，但在现代的书籍设计中，书封常常通过特殊的工艺手段和材料形成类似浮雕、镂空和异形等形态上的变化，这种形态的变化具有明显的立体意味（图4-6、图4-7）。

书页——内页是书籍本体内容的阐述，也是书籍最核心、最本质的部分。从书籍的形态来看，内页是书籍中“量”最大的结构组成，内页的属性直接影响了书籍的大小、厚薄和重量，进而影响了书籍的整体形态（图4-8）。

书脊——书脊是书页装订后形成的订口，是书籍厚度的体现。在某些情况下，书脊是读者接触书籍的第一步，读者往往通过书脊上的信息来辨别书籍，因此书脊也被称为书籍的第二封面。在书籍的立体形态中，书脊作为封面和封底之间的转接面，在形态上具有重要的承接作用，现代的书脊设计常常通过具有联系性的视觉形式连接封面和封底的创作，形成书籍整体具有立体感和空间感的形态创意（图4-9）。

书口——在书籍六面体的立体形态中，除去封面、封底和书脊的部分，剩下的三个面都是书口，分别是上书口、下书口和侧书口。作为书籍开启呈合的自然结构，受制于技术和成本预算，以往的书口仅限于一定的功能处理而很少对这一区域进行特殊的视觉表现，而随着现代印刷加工技术的发展，书口一方面可以通过印制上各种色彩以呼应和协调书籍的整体视觉效果，也可以通过特殊的方式将文本和图形印制在书口上使其具有更丰富的视觉表现。而另一方

图4-2　精装书籍与书套

图4-3　用传统材料做成的书套

图4-4　用合成材料做成的书套

图4-5　形态特殊，具有功能性的书套

图4-6　平面形态的书封

图4-7　立体形态的书封

图4-8　书页的数量直接影响了书脊的立体形态

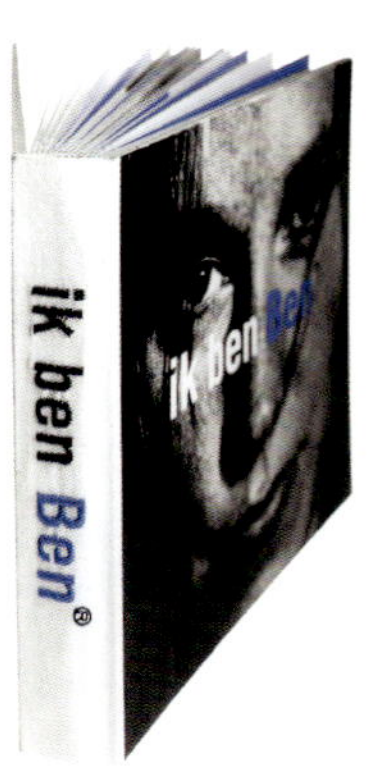

图4-9　书脊也是书籍整体形态中的重要部分

图4-10　书口部分印刷的视觉元素与封面产生了呼应

图4-11　书口呈现的图像

图4-12　模切工艺形成的多边形的书口

面，现代的模切技术也可以通过对书籍的整体模压，改变以往直线形的书口，为书籍带来趣味性的形态特征（图4-10至图4-12）。

4.2　形态的特征

现代书籍的形态已经有了数百年的历史，呈现出相对稳定的状态，而人们对于这种形态的描述仍然具有一定的差异——平整的、块状的、矩形的、多页的都可以作为描述现代书籍形态的词汇。对于书籍设计而言，一方面，形态体现了这种具有差异性的书籍观察方式，而另一方面，形态也是人们对书籍整体的视觉印象，是书籍审美中具有综合意义的评价标准。如果以全面的、整体的方式进行观察，现代书籍的形态无疑具有多样性，呈现出兼具平面的、立体的以及动态的、综合的形态特征。

平面特征——在原始的人类书籍中，那些刻写在石壁、兽皮和陶片上的书籍几乎都是单页形态的，书籍的平面特征十分明显，而现代书籍大多是由多个页面装订而成的整体，呈现出明显的立体特征。尽管如此，当书籍被静止陈列或者是随着阅读过程中视线的停驻，局部的页面作为视觉上的整体，读者对于书籍的阅读仍然是围绕这种“静态的”页面而展开的，因而页面的样式也呈现出典型的二维的审美特征。

从某个角度来看，书籍也可以被看作由不同的“平面”所组成的实体，封面、书脊、封底以及内页这些“平面”具有相对独立的功能以及审美意义。在书籍设计中，文本、图形和色彩都是依附于这些“平面”而存在的，书籍的平面特征在一定意义上也体现了书籍整体的美学倾向，尤其是在封面中，这种平面的审美特征显得尤为明显，以至于某些片面的观点甚至把书籍设计等同于书籍的封面创作。书籍中各个平面局部的视觉样式也是书籍整体视觉样式的细节组成，类似于其他单页形态的平面创作，比例与尺度、对比与统一、节奏与韵律、虚实与疏密、重复与渐变也都是书籍中这些平面局部所常用的视觉表现手法（图4-13至图4-15）。

立体特征——散落的书籍页面无疑具有明显的二维特征，而一旦被折叠装订成成品之后，这些二维的页面便组成了具有立体特征的书籍形态。事实上，

图4-13　书籍封面呈现出的形式美感

图4-14　书籍页面呈现出的形式美感

图4-15　书籍页面呈现出的形式美感

图4-16　封面与书脊趣味性的形态联系

图4-17　书口与封面之间的视觉联系强化了书籍的立体形态

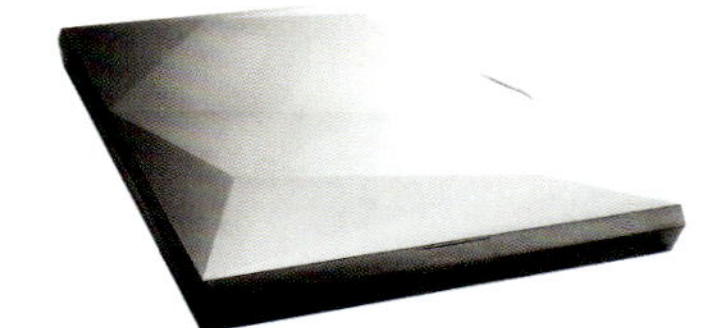
图4-18　特殊的结构和材料为现代书籍带来了直接的立体特征

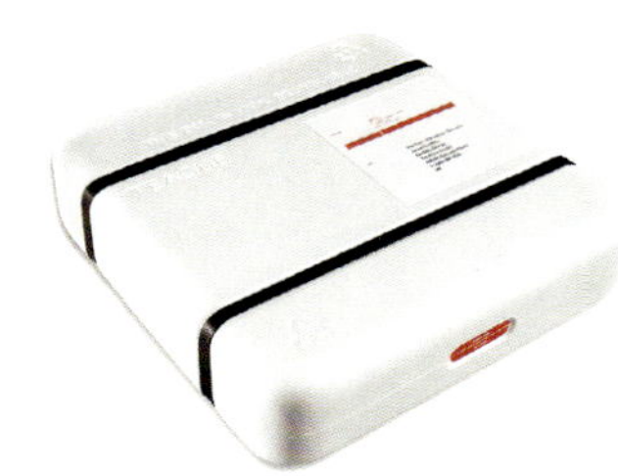
图4-19　特殊的结构和材料为现代书籍带来了直接的立体特征

图4-20　特殊的结构和材料为现代书籍带来了直接的立体特征

任何成品书籍都可以看作是由书封（包括前封和后封）、书脊和书口（包括上书口、侧书口和下书口）所组成的“六面体”，在形态上具有典型的立体特征。

在实际设计中，书籍形态的立体特征往往被人们所忽视。片面的、二维方式的书籍设计通常是以书籍封面和内页作为观察的重点，而作为立体形态的关键结构，书脊和书口却未得到有效的认识。在客观上，与封面和封底相比，页数较少，厚度较薄的书籍的书脊和书口面积几乎可以忽略不计，因而书籍形态的立体特征不是十分明显，而在书页增加，书籍整体呈现一定的厚度的时候，书脊和书口的视觉面积也相应的扩大，从而使书籍“六面体”的立体形态特征逐渐清晰起来。在现代书籍设计中，这种立体特征也是形态语言重要的表述途径，立体的观察角度和思维方式可以形成书籍中各个部分之间有机的形态联系，为书籍整体带来立体形式的视觉感受，而相对于这种间接的形态联系，直接针对立体形态的创作更具革命性，在现代书籍设计中，设计师常常通过为书籍添加特殊的结构造型来重新“雕塑”和“定义”书籍，为现代书籍司空见惯的视觉表现形式带来了一定的突破（图4-16至图4-20）。

动态特征——日本书籍装帧设计师杉浦康平这样理解书籍的动态特征：“当我们拿到一本书，用指头翻开书页，这时书的流动便随着阅读的速度而展开，阅读的速度又因读者心情、目的以及书的内容不同而发生微妙的美妙的变化。同时，流动还带动几个感官诱导出读者的触觉、嗅觉、听觉、味觉以及最重要的视觉等五种感觉的增强。”

书籍是由多个页面按照顺序装订而成的形态整体，书籍阅读的过程实际也是书页不断翻动的过程，类似于电影和电视，在这一过程中，书籍的封面、环衬、扉页、目录、内页等页面内容按照顺序依次展现，具有典型的动态特征。这一动态特征随着读者阅读习惯而有所差异，翻阅过程的快慢，连续和跳跃，前进和后退都会影响读者对书籍整体的视觉认识。作为由多个页面组成的视觉整体，书籍的设计不能过于细节地集中于某个页面，而是应当从书籍整体出发，综合考虑这些页面之间存在的秩序关系，通过对比和协调、节奏和韵律、虚实和疏密等视觉语汇进行表现，使读者在阅读过程中感受到书籍和谐整体的页面视觉（图4-21、图4-22）。

而阅读行为本身也是书籍设计中所不得不考虑的对象，针对书籍不同结构的阅读行为，例如抽取（书匣）、打开（书封）、翻阅（内页）等动作都可以与书籍本身的视觉形式产生联系。在大量的现代书籍设计中，书籍的个性不仅表现为静态的图文视觉形式，更融入到了书籍的使用过程中，直接与读者的阅读行为产生了互动。在这些书籍的设计中，视觉形式被“隐藏”起来，只有通过读者对书籍的开启、翻阅或是呈合等阅读行为才能“激活”，因此这种具有互动特征的视觉形式往往要比静态的视觉形式显得更为生动和有趣，这种具有游戏性质的视觉创意极大地丰富了现代书籍所能带来的感官体验（图4-23至图4-25）。

综合的形态特征——试图以某种单一的特征来定义书籍的形态是片面的、不准确的。从销售到使用的过程中，书籍的形态特征随着地点、距离、角度和心理发生着不断的变化——从局部的、静态的角度来看，书籍具有典型的平面特征；从总体的、全面的角度来看，书籍呈现出了立体的形态特征；从阅读方式和使用过程来看，书籍又体现出明显的动态特征。这些平面的、立体的以及动态的视觉特征互相关联，共同组成了书籍的整体视觉形态。现代的书籍设计并不能片面地局限于某一类形态，而是需要结合视觉角度、视觉习惯以及视觉心理等综合性的因素，对书籍进行整体的形态创作，而平面的、立体的以及动态的形态特征具有不同的视觉价值，因此也是书籍的实际创作中视觉表现不同的切入点。

图4-21　书籍页面之间存在着的动态视觉

图4-22　书籍页面之间存在着的动态视觉

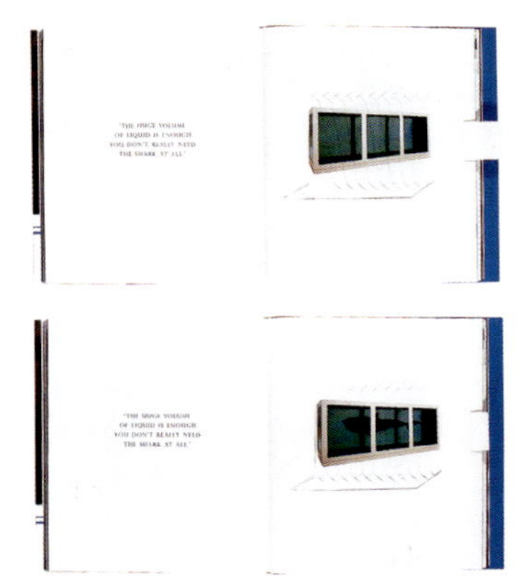

图4-23　读者可以通过特殊的结构设计与书籍产生互动

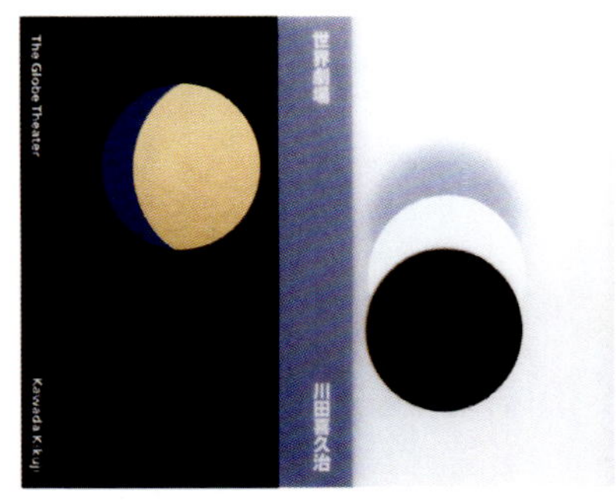

图4-24　能与读者阅读行为互动的视觉形式

图4-25　书籍的视觉创意必须通过读者的阅读行为才能体现

4.3 形态的创意

进入印刷时代以来，人类的书籍创作更多的是二维视觉的，集中于页面中的图像和文本等视觉元素，并以此带来了诸如古典主义、现代主义和后现代主义等截然不同的视觉风格。在现代书籍设计中，后现代的设计理念在不断改变书籍中二维视觉形式的同时也在悄悄改变着书籍的形态，使其不再拘泥于人们的传统认识，而各种现代工艺和印刷材料也使得这种形态的变化和革新具有了可能，在视觉效果上，书籍形态的创新具有一定的本质意义，因而由此所带来的视觉效果也是传统的图文方式所无法比拟的。

比例的创意——具有标准比例的书籍形态是在漫长的书籍设计历史中形成的，这种比例包括了二维和三维的尺度关系，例如适合的宽高比，厚度与开本的比例等，是通常意义上的审美标准。但对于现代书籍而言，在一定意义上，为了迎合现代人求异的审美心理，只有打破这种共性的审美标准才能建立起具有新鲜感的视觉形态。在现代书籍设计中，比例的夸张可以为书籍带来这种特殊的形态感受，例如在书芯的厚度上，超出常规范围的厚度能为书籍带来特殊的体积感和重量感，而开本的大小和比例关系的夸张则能强化书籍外形的识别特征，在严重同质化的现代书籍视觉中，在厚薄、长短和大小等属性上具有特殊性的书籍形态往往容易获得更多的视觉关注（图4-26、图4-27）。

造型的创意——矩形（正方形或者长方形）是普遍为人们所认可的书籍最标准、最典型的形态特征，人类书籍的设计和制作经验大都也围绕着这样的形态标准。在现代制作工艺的基础上，书籍的形态可以不再是循规蹈矩的，利用模切技术，书籍可以是圆形的、三角形的或者是其他的任何造型，结合多种材质的运用，现代书籍看起来更类似于人类早期具有实验性质的书籍，这些多样化的材质在质感、肌理、体积感和空间感上丰富了书籍的外在形态。在绝大多数标准形态的书籍中，具有造型创意的书籍无疑具有视觉和意象上的特殊性（图4-28至图4-34）。

图4-26　比例的夸张获得所带来的趣味性的书籍形态

图4-27　比例的夸张获得所带来的趣味性的书籍形态

图4-28　现代书籍各种样式的造型创意

图4-29　现代书籍各种样式的造型创意

图4-30　现代书籍各种样式的造型创意

图4-31　现代书籍各种样式的造型创意

图4-32　现代书籍各种样式的造型创意

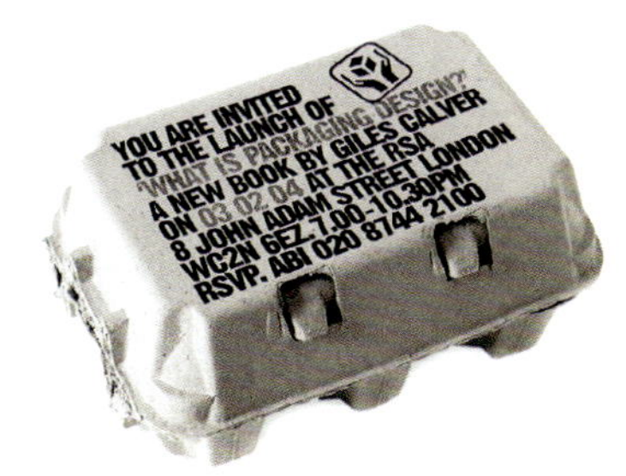

图4-33　现代书籍各种样式的造型创意

图4-34　现代书籍各种样式的造型创意

图4-35　书籍结构的变化所带来的形态创意

图4-36　书籍结构的变化所带来的形态创意

图4-37　书籍结构的变化所带来的形态创意

结构的创意——结构的创新大多来自于书籍的内部，对应读者习惯性的阅读方式，传统书籍都是按照从前至后，依次排列的“线性”方式编辑和设计的。相对于书籍的外形上的变化，书籍结构的创新显然是更为彻底的，它颠覆了书籍传统的、循序渐进的视觉秩序，将书籍的内容解构或重组，使书籍的页面呈现出了交错、叠合的多种结构样式，这种结构的特殊性使得读者在阅读的过程中获得了不同的阅读线索和阅读体验（图4-35至图4-37）。

空间的创意——因为立体的特征，书籍的各个立体面之间自然呈现了一定的空间关系，这种空间关系不仅存在于单本书籍中，也体现在系列书籍中，在翻阅和展示的过程中，这种空间的特征通过排列组合可以得到一定的强化，现代书籍往往通过对这种空间的利用体现出整体的形态创意（图4-38至图4-40）。

观念的创意——现代社会生活中，在很多场合人们都能看到以书籍为原形的视觉创作，这种创作可能是来自于书籍设计师、艺术家或者是任意的普通大众。通过对书籍这一特殊载体的形式和意义的假借，这些“书籍”创作融入了创作者的价值思考，并通过对比和影射衍生出了一系列多意的、模糊的和边缘的观念。不同于标准意义上的书籍设计，在这些创作中，功能不是唯一的目的，甚至有相当数量的书籍是“不可读”的，因此从表面看来，这些天马行空的形态创意似乎没有太多的实用价值，而正是因为部分脱离了书籍功能性的桎梏，这些形态的创新才显得更为真切和彻底，因此对现代的书籍设计也具有一定的启示意义（图4-41至图4-45）。

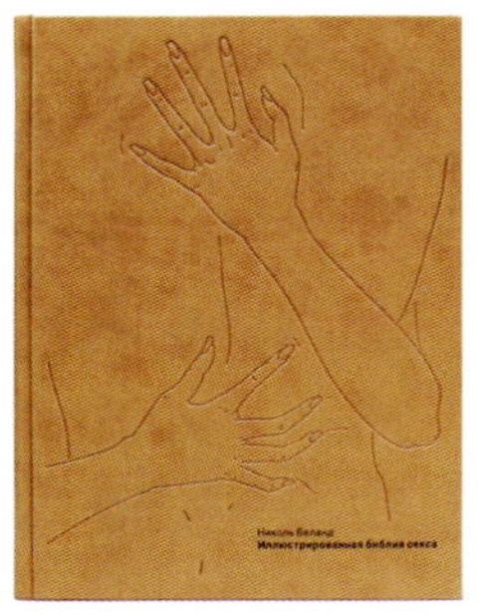

图4-38　利用封面和封底的空间关系体现的形态创意

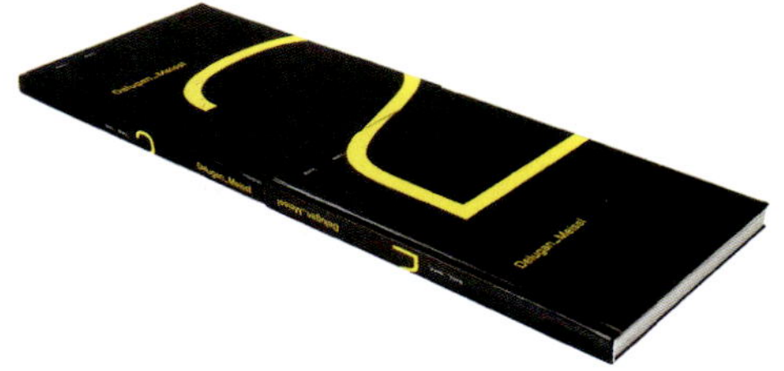

图4-39　通过系列书籍的排列组合而形成的形态创意

图4-40　通过展示空间所体现的书籍形态创意

图4-41　观念性、实验性的书籍形态创意

图4-42　观念性、实验性的书籍形态创意

图4-43　观念性、实验性的书籍形态创意

图4-44　观念性、实验性的书籍形态创意

图4-45　观念性、实验性的书籍形态创意

“解读”而不是“陈述”，从某种意义上，解说图像揭示了书籍的内涵与精神，是主动的，具有创造性和想象力的图像类型，因此图像的选择需要具有针对性，形象生动并易于解读。在现代书籍中，解说图像不仅可以是具象的，也可以通过抽象的方式表现，这些抽象的图形通过元素彼此之间的视觉组合，以符号化的方式来解释和类比书籍内容，因此更适合那些描述了概念、方法和意义等无法用具象形象表现的政治、经济、哲学和教育类的书籍。在视觉元素上，抽象图像大多通过“点线面”来表现，“点线面”侧重的不同往往会带来视觉感受和意义表述上的差异，以“点”和“线”为主的抽象图像是积极的、活跃的，而“面”的视觉感受则相对稳定，一般来说，“点线面”结合的抽象图像具有更丰富的视觉层次，在实际运用中，这种抽象图像的创作要体现出图像整体在形态、结构和韵律上的美感（图5-19至图5-21）。

装饰图像——古典时期的西方书籍封面和版面中通常绘制有大量的动植物、人物或者抽象形式的装饰纹样，与上述两类图像类型相比，在书籍封面中，这些装饰性的图像基本是与书籍内容无关的，形式的美感往往要大于形式的意义，也正是出于这个原因，这种图像广泛地受到了20世纪纯粹的现代主义者们的诟病，被批评为表面的、虚伪的以及形式主义的。在现代书籍中，这种装饰情结已经受到了一定的遏制，日趋简化，或者直接演化成为具有时代特征的抽象图形，而典型的装饰图像的运用则在一定意义上成为了对于某种历史风格的追溯（图5-22）。

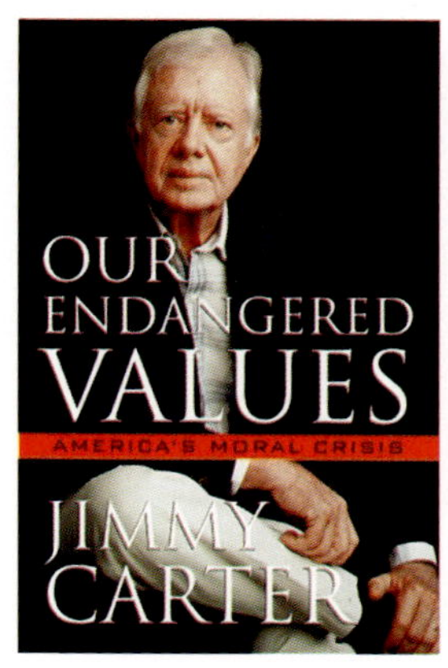

图5-16　个人传记中直观的人物形象

图5-17　旅游手册中直观的景观图像

图5-18　书籍封面中具有典型识别特征的直观图像

图5-19　解说图像通过读者的联想揭示了书籍的内在情感

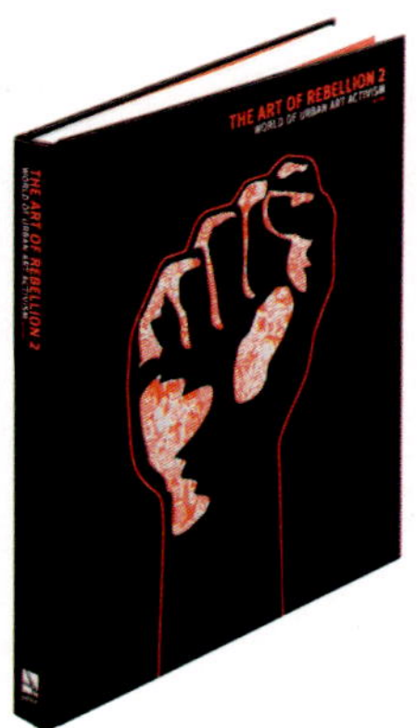
图5-20　书籍封面中符号化的解说图像

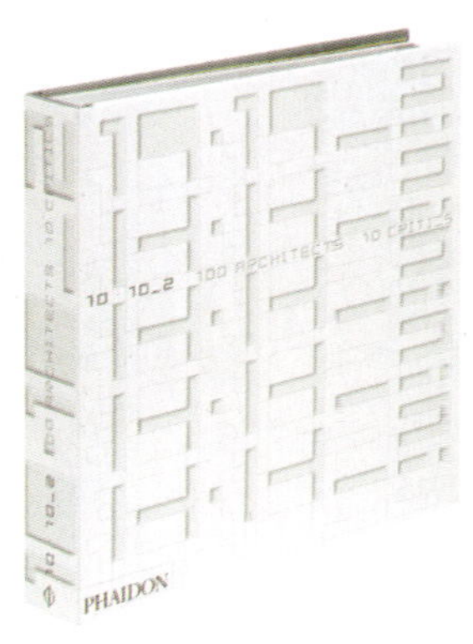

图5-21　书籍封面中抽象的解说图像

图5-22　现代书籍封面中的装饰图像

5.4 封面的文字

书名、作者、出版社等文字信息是书籍封面中最主要，也是最客观的信息，因此也是封面设计中最重要的视觉处理对象，现代书籍常常通过强化和夸张封面中的文字以带来直观的信息关注，甚至有相当部分的书籍封面抛弃了色彩和图形，直接通过文字的视觉样式来进行设计表现。一般意义上，书名是书籍封面中最重要的文字信息，也是视觉处理的首要对象，通过对比性的视觉手法可以强化书名和其他信息之间的主次关系，也可以为封面带来视觉节奏的变化（图5-23、图5-24）。

为了适应信息传递的功能性需要，书籍封面中的文字被一定程度地放大（与内文相比），而放大后的文字细节性特征得以强化，字形本身的视觉属性更为明显，因此在封面中，字体的选择显得尤为重要。随着数字化字体的发展，书籍封面中文字信息的字体有了更多的选择，在字体的视觉情感上，衬线字体适合表现具有人文气息的、传统和感性的书籍类型，而无衬线类型的字体则更适合那些具有商业气息的、现代和理性的书籍类型。在中文字库中，宋体和黑体大致类似于衬线字体和无衬线字体的差别，而模仿书写痕迹的书法字体在一定程度上也体现出了类似于衬线字体的情感特征（图5-25、图5-26）。

数字化字库有着诸多的优点，数值化的比例关系保证了近乎完美的字形结构，便捷的选用和调整也提高了书籍设计的效率，但这种字体的使用往往也带来了书籍创作中字体同质化的弊病。与讲求效率的内文文字设计不同，在书籍封面中，文字不仅具有信息传递的功能，也是视觉表现的主要元素，经过设计的文字不仅具有表意的功能，而且能与书籍内容产生更贴切的视觉联系，同时，具有手写和图形化特征的创作字形往往要比现成的字体具有更多的新鲜感，更容易与封面中的其他元素融合形成有机的视觉整体（图5-27至图5-30）。

图5-23　以文字构成的书籍封面，视觉效果简洁明确

图5-24　文字的大小对比形成了书籍封面的视觉节奏

图5-25　无衬线字体具有强烈的现代主义气质

图5-26　衬线字体具有典型的人文三义气质

5.5 封面的编排

与其他平面项目中视觉元素的编排不同，为了客观信息的准确传递，书籍的封面往往需要强化书名或者相关的文字，因此版面的结构样式往往围绕着这些文字信息展开。在现代书籍设计中，封面的编排大致可分为以下几个类型。

图5-27　手写字体与背景图像共同构成了趣味性的封面视觉

图5-28　具有新古典主义风格的封面字体设计

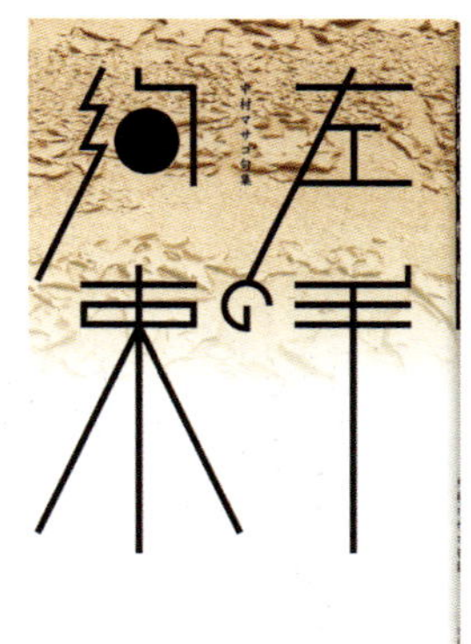

图5-29　具有现代感的封面汉字设计

图5-30　与文字意义密切关联的封面字形设计

图5-31 对称形式的书籍封面编排

对称编排——对称是古典主义风格的基本特征，早期的书籍设计无论是封面还是内页，绝大多数都采用了对称方式的版面构成。对称的编排将书籍封面中的视觉元素居中排列，形成了垂直或者水平样式的视觉结构，由于吻合了人们的视线流程，对称的样式更容易形成清晰的、稳定的视觉感受，因此也是现代书籍所普遍使用的编排手法。在实际创作过程中，对称的编排常常与衬线字体相结合，更适合那些传统的、经典的、具有人文色彩的书籍类型（图5-31、图5-32）。

均衡编排——均衡编排的书籍封面舍弃了略嫌保守的对称样式，将封面的视觉要素建立在网格基础上，通过这些视觉元素的对比协调而形成了不对称的视觉结构，是具有现代主义风格的编排手法。在书籍封面设计中，这种编排样式往往与无衬线字体相结合，更适合现代的、说明性的、理性的书籍（图5-33、图5-34）。

解构编排——相对于对称编排和均衡编排的理性特征，解构编排显得较为感性，表现手法和视觉风格也更为特殊。解构编排并非是通过结构性的视觉语言，而是通过突出视觉元素的形式特征来建立版面秩序，是具有后现代主义风格的编排手法。由于表现手法和视觉风格的针对性，以解构方式编排的书籍封面往往有着与书籍内涵最为贴切的视觉内容，具有独特的视觉价值（图5-35、图5-36）。

图5-32 对称形式的书籍封面编排

5.6 封面的创意

出于功能性的考虑，在现代书籍设计中，内页的设计往往更多地强调了清晰的“易读性”，而作为书籍的“面孔”，书籍整体中最为精彩的视觉部分，封面的设计不仅需要功能性的信息传递，而且需要通过图文形式、形态和工艺材质的创新为书籍带来更多的“可读性”。

图文形式的创意——以图文元素进行创作是平面设计最基本的手法，出于表现性的需要，书籍的封面更类似于小幅的海报，几乎所有的视觉表现手法都可以在封面中进行尝试。现代书籍封面的视觉形式已经不再局限于古典主义的信息装饰或是现代主义的信息传递，而是更倚重采用针对性的创作手法，通过直观的、联想的或者抽象的视觉创作引发读者对书籍内容的思考和关注。现代书籍图文形式的创意也是多样的，包括了图文的造型创意、图文的编排创意和图文

图5-33 均衡形式的书籍封面编排

图5-34 均衡形式的书籍封面编排

图5-35 解构形式的书籍封面编排

图5-36 解构形式的书籍封面编排

的观念创意，在很大程度上，这种封面创作已经被注入了大量观念性和游戏性的视觉语素，使书籍不再是一个纯粹意义上的阅读工具（图5-37至图5-40）。

形态的创意——书籍的封面创作大多是平面形式的，而在一些特殊的书籍中，封面也常常可以通过加工工艺的附加使书籍具有了立体化的外观，这是现代书籍封面形态创意的最直观体现。而从印刷成品来看，书籍的封面实际是由前封、后封和书脊三个部分组成的整体，具有形态和空间上的密切联系，这种立体特征和空间属性也是形态创意重要的表现途径，在现代书籍封面的视觉创作中，常常可见将前封、后封和书脊作为局部的视觉区域，在书籍的使用过程中通过这些局部视觉区域的组合形成完整的图形或概念诉说，这种创意方式隐性的、过程性的传达出了书籍的立体特征，因此更具设计内涵（图5-41、图5-42）。

工艺材质的创意——现代的书籍设计往往融合了多种工艺和材质，或许是出于略显功利性的目的，这些工艺和材质大多也集中体现在书籍的封面中——模切、凹凸、烫印等特殊工艺是针对书籍封面创意中空间感、体积感和质感的描述，而诸如金属、木材、皮革、塑料等非纸类材质配合了封面中的图文和形态创意，也起到了类似的辅助作用。不仅如此，这些工艺和材料往往也能通过本身所特指的意义属性直接构成书籍封面中的创意（图5-43至图5-45）。

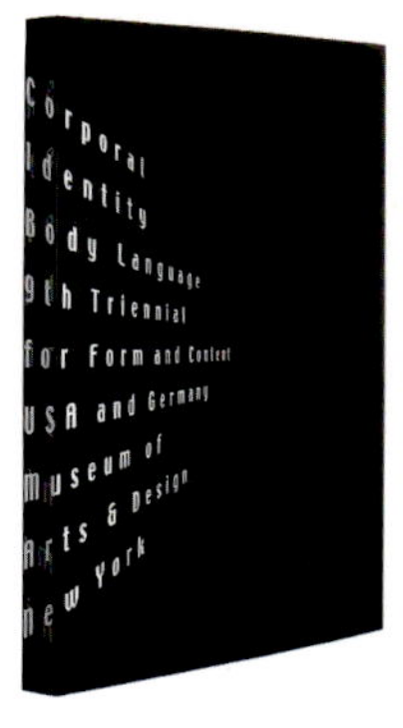

图5-37　通过文字的排列形成的具有空间感受的封面创意

图5-38　物化的书籍封面具有特殊的视觉趣味和形式意义

图5-39　书籍封面的信息与图像融为了一体，形成了整体性的创意表达

图5-40　“破损”的视觉形式隐喻了书籍的实际内容和精神实质

图5-41　通过特殊工艺形成的具有浮雕效果的书籍封面

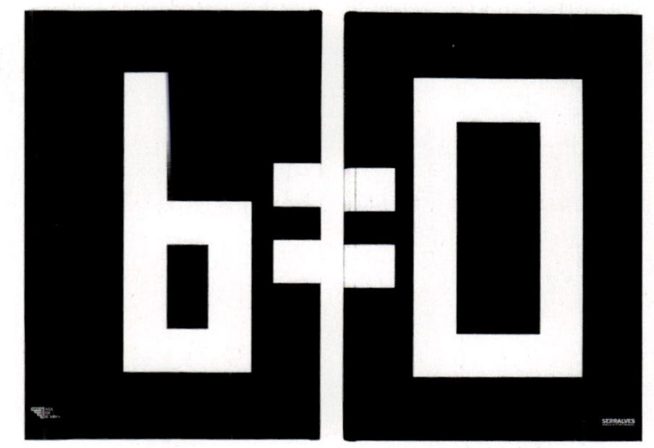

图5-42　书籍的封面和封底组合形成了趣味性的形态创意

图5-43　特殊工艺和材料使书籍封面的形态创意更为真实

图5-44　与书籍主题体暗合的材料创意

图5-45　封面的灰卡材料暗喻了书籍的主题

6 书籍的版面设计

在书籍的整体设计中，版面是一种低调的、不为人注目的内容。事实上，如果将书籍庞杂的页面进行分类，除去封面（由于特殊的地位，封面的设计内容不仅包括了版面，也包括了图文形式、图文创意、色彩甚至是材料的设计），绝大多数书籍页面的设计集中在版面中，而与封面相比，这些页面的设计必须围绕着书籍的实际内容展开，因此从表面看来缺乏某种视觉性和表现性，但作为读者与书籍信息之间最直接的媒介，适合的版面可以强化重要信息，清晰阅读秩序，促进读者阅读，而糟糕的版面则往往会使书籍“不堪卒读”，从而使其失去最本质的阅读功能。在20世纪之前，人类版面设计的实践几乎都是围绕着书籍而展开的。古典版面是人类早期成体系的版面设计方法，这种方法体系来源于印刷时代大量书籍创作的实践经验；形成于20世纪50—60年代的网格版面作为现代主义平面设计的方法论，是一种理性基础上的版面体系，与感性的古典版面相比，网格版面的视觉样式和视觉原理显得更为科学和具有说服力；自由版面强调了设计师的个人意趣以及时代风格，尽管与前两种类型的版面有着形式上的决然对立，但却又潜移默化地受到了这两种版面体系的美学影响。在当代的书籍设计中，古典版面、网格版面和自由版面基本涵盖了书籍版面的可能形式并都有着广泛的运用，这也体现了现代书籍视觉价值的多元化趋势。

6.1 内页的结构

作为一个多页出版物，书籍的内页往往是由数十数百个页面装订而成的，与单页的版面不同，这些页面既不是独立的也不是并列的，依据编辑可细分为环衬、扉页、目录页、内页、章节页和版权页等不同的形式，这些页面承载了不同的信息，因此版面设计也需要具有一定的针对性。而在书籍的阅读过程中，这些页面因先后的顺序也自然存在着一定的视觉关系，在版面设计中，需要通过这些局部页面之间的呼应和协调，体现出和谐整体的视觉节奏（图6-1）。

环衬——环衬是指书籍封面和扉页之间的衬纸，包括了前环衬和后环衬两个部分，大多数书籍的环衬并不参与信息的传达，有的环衬就是空白的页面。在阅读过程中，作为实际内容之间的夹页，环衬起到了一定的视觉和心理的过

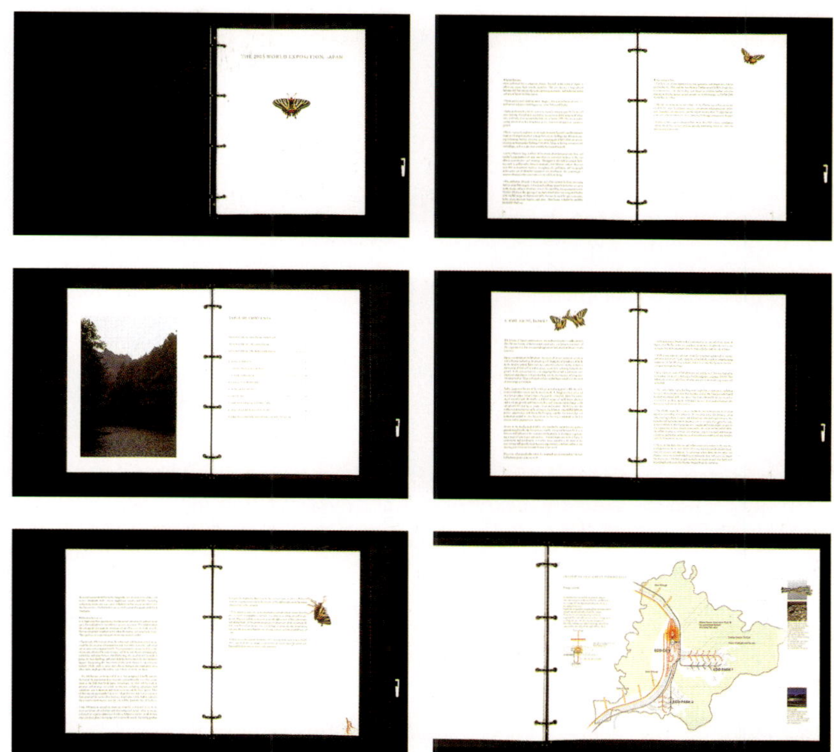

图6–1　不同的页面承载了不同的信息，因此具有差异性的版面感觉

渡作用，因此也是现代书籍所普遍具有的页面结构。为了与前后页面形成虚实的对比，大多数的环衬采用了简洁整体的，以底纹和色块为主的版面样式，而特殊的环衬用纸则可以与其他页面形成肌理上的反差，增强书籍整体的质感表现。

扉页——现代书籍在正文页之前，封面或者环衬的后面往往设有扉页。扉页的内容基本与封面相同，包括了书名、作者、出版等基本的信息，也有的扉页包括了序言、出版说明等相关的内容。从总体的形态结构来看，扉页是书籍进入正式“主题”的前奏，类似电影电视的开场，在视觉形式上，扉页的视觉强度应该适当减弱，以呼应人们在阅读过程中自然形成的视觉节奏。

目录页——目录是书籍内容的纲领，是书籍写作和编辑结构的体现，因此，视觉形式清晰的目录页有助于读者快速地了解全书。在设计过程中，目录页版面中的视觉元素可以通过在大小、距离和位置上的对比以及点线面等抽象元素的分割，增强版面结构的清晰度和识别度。

正文页——正文页面承载了书籍的主要内容，是书籍版面设计中最为关键的部分。在一般意义上，正文页的版面应该是功能性的，需要通过元素的排列组合，架构清晰易读的视觉平台，尽量减少无意义的视觉创作对阅读本身的影响。在书籍整体中，正文页往往也是数量最多的页面类型，在数量较多的正文页面中，一致的版面结构不仅有利于设计效率的提高，也有助于阅读线索的形成。

章节页——现代书籍常常通过添加独立的章节页（辑封）来呼应和强调书籍内容的段落结构，章节页不仅分隔了书籍的实际内容，也是阅读过程中视觉的间隔，因此，章节页的版面结构、视觉样式、色彩和肌理应当与其他页面形成一定的反差，并通过与其他页面的对比和协调，共同形成书籍视觉的整体。

版权页——版权页的内容包括了出版、发行、印刷以及销售等相关的书籍信息，一般安排在扉页的反面或书籍的末页。作为书籍的“身份证”，版权页一般不做过多的视觉处理，版面形式要求清晰规范，便于查询。

6.2 版面的元素

具体到书籍的单个页面中，版面既包括了文本和图像等实际的内容，也包括了各种辅助性的视觉元素，具有一定的复杂性。为了将这些视觉元素组成一个有机的功能整体，首先要对这些元素的造型特征和形态规律有着准确的把握。

6.2.1 文字

字体——对于演化了3 500多年的字体的使用一直是设计师无法回避的问题，尽管字体本身不会直接影响文字意义的传达，但却间接地影响了这种意义的传递效果。不同于书籍封面中的文字创作，书籍内页版面一般以现成的字库为主。西方字体谱系主要包括了衬线字体、无衬线字体、装饰字体、书写字体等几个主要类型，在书籍版面中常见的则是字形清晰易读的衬线字体和无衬线字体，而装饰字体和书写字体由于缺乏一定的视觉识别性，因此一般不用于大规模的书籍内文排版。由于特殊的文字构造，中文书籍的版面容易形成不均匀的视觉，因此在字体的选择上更为重要，为了减弱文字间的结构差异，形成相对均匀的段落视觉，通常中文书籍版面的内文更偏向于选择笔画纤细的字体。至今看来，以宋体、楷体、仿宋体和黑体代表的字体体系仍然是目前最为完善的中文字体，而某些创新的美术字体由于过于强化的视觉特征，并不适合用来处理书籍的版面（图6-2、图6-3）。

大小——通过数字化技术，现代书籍版面摆脱了繁复的手工植字过程，使文字大小的控制变得便捷而精确。在计算机语言里，关于文字大小的表述有号数制、级数制和点数制等多种方法，常用的“字号”就是号数制的表述方式。在书籍版面设计中，文字的大小必须符合阅读生理的基本要求，过大过小的字号都会造成易读性的降低。而文字的大小设定也与版面的尺寸、形态和比例密切相关，同一字号在不同开本中的视觉感受是有差异的，这种大小的尺度并非是绝对的。在同一版面中，不同的文字往往具有意义上的多重级别，而体现这些文字之间差异的最直接手段就是通过大小的调节，通过大小的分类，版面可以依照文字的意义级别而形成自然的视觉秩序，这也是人们能迅速辨别出书籍版面中诸如标题、内文以及注释等不同属性文字的最主要途径。除去识别的功能，文字的大小也是书籍版面风格的有效调控，随着大小的变化，文字可以在版面中完成“点”、“线”、“面”等多种角色的转换，从而改变版面的视觉基调（图6-4）。

距离——在书籍的版面设计中，有关文本距离的细节设置，包括间距、行距、栏距以及段落文本宽度的设定都与人们的阅读习惯密切关联——一般意义上，文字字距的设置以读者在阅读字行的过程中基本忽略空间间隔和个体词汇的存在，文字的意义和连贯性得到良好的体现为标准，通常情况下，排版软件的自动间距是一个较为适合的距离；为了获得水平方向连贯性的阅读视觉，文

图6-2 版面标题的无衬线字体所体现的现代主义气息

TYPOGRAPHY is the balance and interplay of letterforms on the page, a verbal and visual equation that helps the reader understand the form and absorb the substance of the page content. Typography plays a dual role as both verbal and visual communication. As readers scan a page they are subconsciously aware of both functions: first they survey the overall graphic patterns of the page, then they parse the language, or read. Good typography establishes a visual hierarchy for rendering prose on the page by providing visual punctuation and graphic accents that help readers understand relations between prose and pictures, headlines and subordinate blocks of text.

TYPOGRAPHY is the balance and interplay of letterforms on the page, a verbal and visual equation that helps the reader understand the form and absorb the substance of the page content. Typography plays a dual role as both verbal and visual communication. As readers scan a page they are subconsciously aware of both functions: first they survey the overall graphic patterns of the page, then they parse the language, or read. Good typography establishes a visual hierarchy for rendering prose on the page by providing visual punctuation and graphic accents that help readers understand relations between prose and pictures, headlines and subordinate blocks of text.

TYPOGRAPHY is the balance and interplay of letterforms on the page, a verbal and visual equation that helps the reader understand the form and absorb the substance of the page content. Typography plays a dual role as both verbal and visual communication. As readers scan a page they are subconsciously aware of both functions: first they survey the overall graphic patterns of the page, then they parse the language, or read. Good typography establishes a visual hierarchy for rendering prose on the page by providing visual punctuation and graphic accents that help readers understand relations between prose and pictures, headlines and subordinate blocks of text.

作为人类最重要的发明，文字在数千年的历史发展过程中，编排经验围绕着书籍及其他平面设计形态展开，从古埃及的纸草文献到中世纪的手抄书籍再到20世纪的现代主义海报，每个时代的设计师都努力尝试着寻找文字编排的美学规律，并创作出最符合时代精神的标准样式。随着20世纪末计算机技术的普及，平面设计软件和数字化字库为新时代的设计师提供了大量的文本编排样式和丰富的字体选择，尽管如此，这些辅助手段和便利条件并非实践性的经验，设计师的感性直觉

作为人类最重要的发明，文字在数千年的历史发展过程中，编排经验围绕着书籍及其他平面设计形态展开，从古埃及的纸草文献到中世纪的手抄书籍再到20世纪的现代主义海报，每个时代的设计师都努力尝试着寻找文字编排的美学规律，并创作出最符合时代精神的标准样式。随着20世纪末计算机技术的普及，平面设计软件和数字化字库为新时代的设计师提供了大量的文本编排样式和丰富的字体选择，尽管如此，这些辅助手段和便利条件并非实践性的经验，设计师的感性直觉加上理性经验仍然是掌握文字编排规律的唯一途径。

作为人类最重要的发明，文字在数千年的历史发展过程中，编排经验围绕着书籍及其他平面设计形态展开，从古埃及的纸草文献到中世纪的手抄书籍再到20世纪的现代主义海报，每个时代的设计师都努力尝试着寻找文字编排的美学规律，并创作出最符合时代精神的标准样式。随着20世纪末计算机技术的普及，平面设计软件和数字化字库为新时代的设计师提供了大量的文本编排样式和丰富的字体选择，尽管如此，这些辅助手段和便利条件并非实践性的经验，设计师的感性直觉加上理性经验仍然是掌握文字编排规律的唯一途径。

图6-3 不同的字体在视觉识别性上的差异

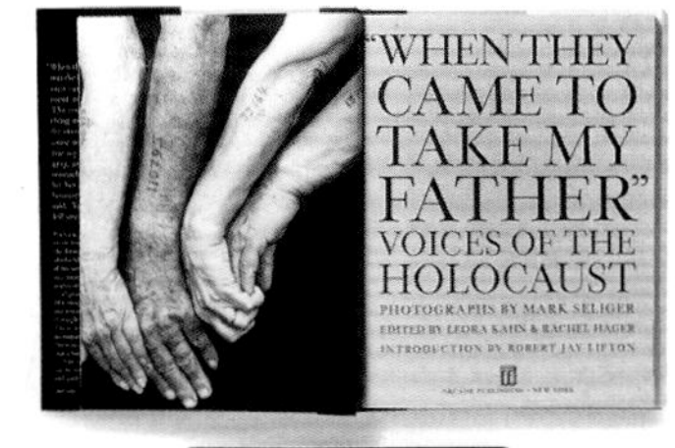

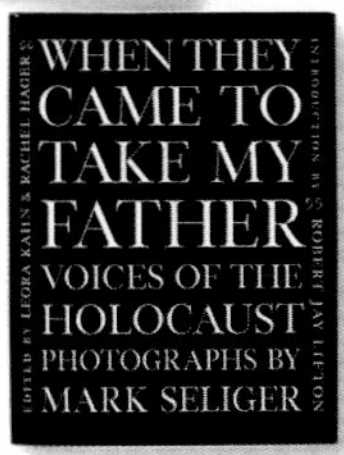

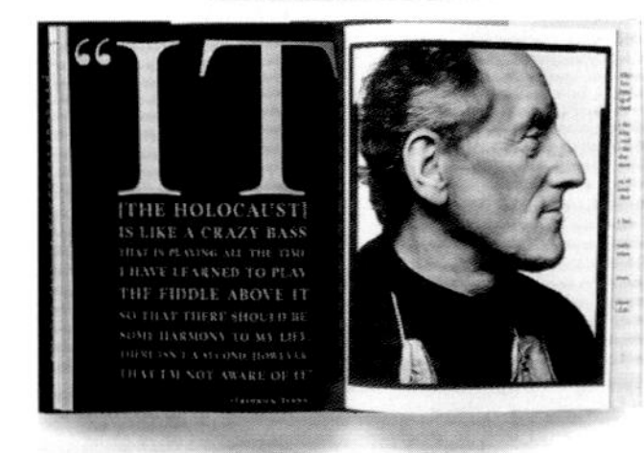

图6-4 书籍版面中文字大小的对比

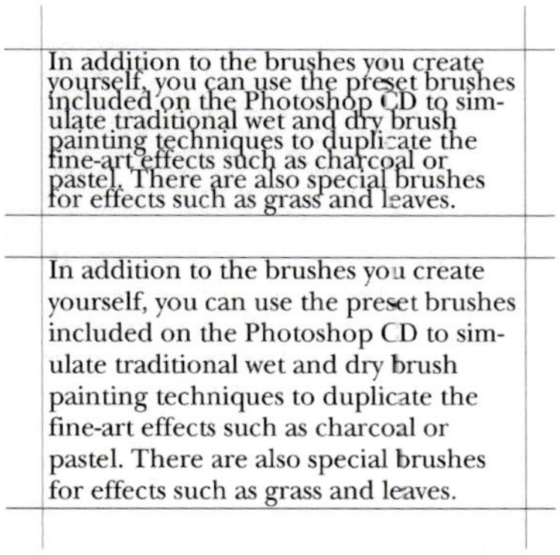

In addition to the brushes you create yourself, you can use the preset brushes included on the Photoshop CD to simulate traditional wet and dry brush painting techniques to duplicate the fine-art effects such as charcoal or pastel. There are also special brushes for effects such as grass and leaves.

In addition to the brushes you create yourself, you can use the preset brushes included on the Photoshop CD to simulate traditional wet and dry brush painting techniques to duplicate the fine-art effects such as charcoal or pastel. There are also special brushes for effects such as grass and leaves.

图6-5 英文版面的行距变化

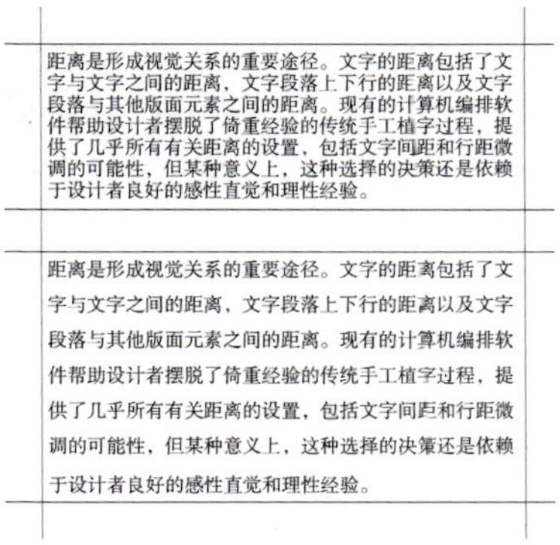

距离是形成视觉关系的重要途径。文字的距离包括了文字与文字之间的距离，文字段落上下行的距离以及文字段落与其他版面元素之间的距离。现有的计算机编排软件帮助设计者摆脱了倚重经验的传统手工植字过程，提供了几乎所有有关距离的设置，包括文字间距和行距微调的可能性，但某种意义上，这种选择的决策还是依赖于设计者良好的感性直觉和理性经验。

距离是形成视觉关系的重要途径。文字的距离包括了文字与文字之间的距离，文字段落上下行的距离以及文字段落与其他版面元素之间的距离。现有的计算机编排软件帮助设计者摆脱了倚重经验的传统手工植字过程，提供了几乎所有有关距离的设置，包括文字间距和行距微调的可能性，但某种意义上，这种选择的决策还是依赖于设计者良好的感性直觉和理性经验。

图6-6 中文版面的行距变化

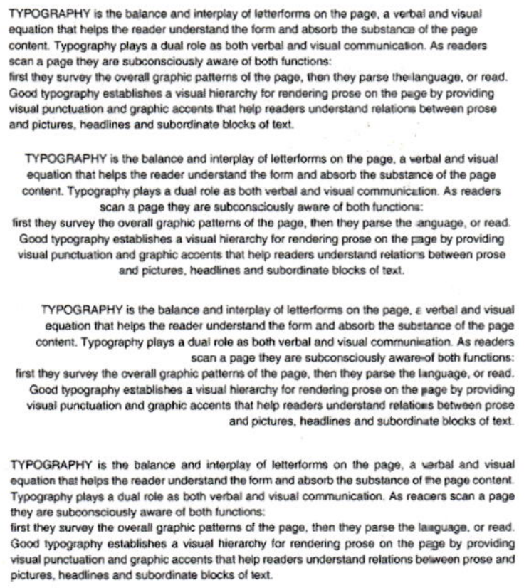

TYPOGRAPHY is the balance and interplay of letterforms on the page, a verbal and visual equation that helps the reader understand the form and absorb the substance of the page content. Typography plays a dual role as both verbal and visual communication. As readers scan a page they are subconsciously aware of both functions:
first they survey the overall graphic patterns of the page, then they parse the language, or read. Good typography establishes a visual hierarchy for rendering prose on the page by providing visual punctuation and graphic accents that help readers understand relations between prose and pictures, headlines and subordinate blocks of text.

TYPOGRAPHY is the balance and interplay of letterforms on the page, a verbal and visual equation that helps the reader understand the form and absorb the substance of the page content. Typography plays a dual role as both verbal and visual communication. As readers scan a page they are subconsciously aware of both functions:
first they survey the overall graphic patterns of the page, then they parse the language, or read. Good typography establishes a visual hierarchy for rendering prose on the page by providing visual punctuation and graphic accents that help readers understand relations between prose and pictures, headlines and subordinate blocks of text.

TYPOGRAPHY is the balance and interplay of letterforms on the page, a verbal and visual equation that helps the reader understand the form and absorb the substance of the page content. Typography plays a dual role as both verbal and visual communication. As readers scan a page they are subconsciously aware of both functions:
first they survey the overall graphic patterns of the page, then they parse the language, or read. Good typography establishes a visual hierarchy for rendering prose on the page by providing visual punctuation and graphic accents that help readers understand relations between prose and pictures, headlines and subordinate blocks of text.

TYPOGRAPHY is the balance and interplay of letterforms on the page, a verbal and visual equation that helps the reader understand the form and absorb the substance of the page content. Typography plays a dual role as both verbal and visual communication. As readers scan a page they are subconsciously aware of both functions:
first they survey the overall graphic patterns of the page, then they parse the language, or read. Good typography establishes a visual hierarchy for rendering prose on the page by providing visual punctuation and graphic accents that help readers understand relations between prose and pictures, headlines and subordinate blocks of text.

图6-7 文字的标准编排形式，从上到下依次为齐左、居中、齐右、两端对齐

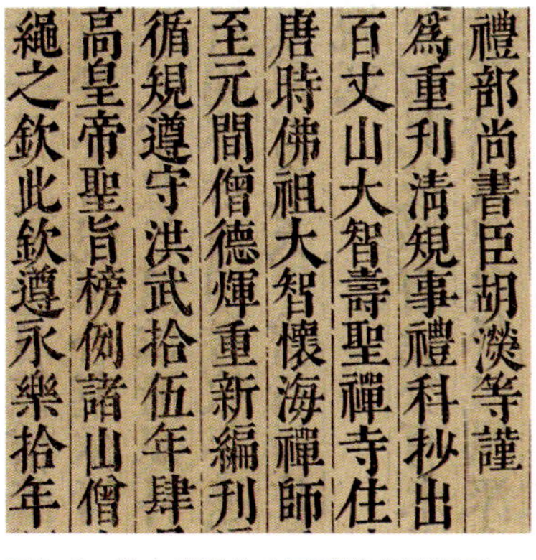

禮部尚書臣胡濙等謹
爲重刊清規事禮科抄出
百丈山大智壽聖禪寺住
唐時佛祖大智懷海禪師
至元間僧德煇重新編刊
循規遵守洪武拾伍年肆
高皇帝聖旨榜例諸山僧
繩之欽此欽遵永樂拾年

图6-8 纵向排列的中国明代书籍版面

字的行距要大于文字间距并依据实际情况做出经验性的调整，在以块状文字构成的中文版面中这一点尤为重要。而依据实践经验统计，阅读时人的最佳视觉宽度在10厘米左右，过于夸张的行宽容易带来阅读时的错行，而过窄的行宽则会造成过于频繁的换行，带来视觉疲劳（图6-5、图6-6）。

样式——在书籍的版面中，文字往往是以句、行或者段落的集合形式出现的，不同的集合形式与文本的内容和数量都有着一定的联系。在现代书籍设计中，标准的文字样式大致包括了齐左、齐右、中心对齐和两端对齐几种形式，而纵向的和自由的形式则是两种特殊的文字编排类型（图6-7）。

齐左或齐右——齐左或齐右的文字编排样式是现代主义的产物，在版面特征上，齐左、齐右的文字编排呈现出文本段落一边对齐、一边自然分段形成参差的效果。在现代的西方书籍设计中，齐左的文字样式较为普遍，而齐右的编排则仅限于图表和简短的说明性文字。

中心对齐——中心对齐是一种对称的，具有古典主义风格的文字编排样式，常出现在小规模的或者礼仪性的文字编排中。在现代书籍设计中，扉页版面或者是诗歌、散文类型的书籍版面常常采用这种文字编排方式。

两端对齐——两端对齐是现代书籍版面最常用的文字编排样式，事实上这种样式来源于古典文明时期，当时大多数的手抄本和印刷书籍的版面文字就采用了这种严谨的编排样式，两端对齐的方式可以使文本呈现出工整的块面感和强烈的整体感，因此绝大多数的中文书籍采用了这种文字编排方式。

纵向编排——在进入印刷时代以来，西方的书籍版面普遍采用了横向的文字编排样式，而中国的书籍版面则延续了之前所形成的纵向的文字编排特征。尽管从视觉生理的角度出发，横向的阅读要比纵向的阅读方式更为合理，但出于历史的传承和文化的认同，在目前的中国、日本和韩国等东亚国家，纵向的文字编排仍有相当规模的运用，是一种具有特殊审美价值的版面样式（图6-8、图6-9）。

自由编排——绝大多数的现代书籍版面采用了上述标准的文字编排样式，而在某些现代书籍设计中，为了追求特殊的版面效果，文字进行了适度的排式变化，或是模仿了自然状态下具有偶然性的书写轨迹，或是夸张了文本的编排属性，形成了某种与文本性质相对应的视觉节奏。这种自由的文本样式在视觉效果上脱离了标准文字版面机械的、块状的形态特征，显得更为生动活泼。究其客观原因，在印刷的手工时代，文本的编排受到了诸多的技术条件限制，而在数字时代计算机技术的辅助下，文本的视觉创作变得随心所欲起来，样式的自由和解放也是对数字时代文本的阅读秩序和阅读价值的重新诠释（图6-10至图6-13）。

6.2.2 图像

在现代书籍设计中，封面图像的运用大多带有表现性，而版面中的图像则大多与实际内容紧密联系，是为了辅助、佐证文本进行的视觉说明，因为这种功能性，图像在书籍中又可以被称为插图。

图像的类型——在书籍版面中，图像主要包括了版心图像、出血图像以及去底图像三种基本类型。版心图像和出血图像是以图像和版面外沿的位置关系来定义的，版心图像是指位于版面的版心区域，图像的四边独立完整的图像类

型，在整体效果上，版心图像具有内敛稳定的视觉特征。出血图像是指图像的四边部分或全部超出版面外沿的图像类型，相对于四平八稳的版心图像，出血图像具有较大的视觉面积和视觉张力，同时也为版面的阅读带来了丰富的空间联想，读图时代的书籍版面经常采用这种处理方式来强化图像信息的传达。去底图像是现代版面设计中对于图像处理的重要手法，去底的图像勾勒和突出了图像的视觉特征，是对图像本身形态而非意象性的描述，在实际运用中，去底图像与文本段落的穿插、组合和对比可以起到活跃版面的视觉作用（图6-14至图6-16）。

图像的处理——尽管图像的创作具有一定的独立性，而一旦被放置入书籍版面后，图像便与版面中的其他视觉元素发生了错综复杂的视觉关系，为了协调图像与图像、图像与其他版面元素之间的这种关系，首先需要对图像进行一定的视觉处理，这种处理包括了对图像进行色彩、结构、尺寸上的修改和完善。对版面设计而言，图像处理的意义在于：统一版面中图片的比例关系；突出处于视觉中心的图像主体；协调图像和其他版面元素之间的表现手法和风格样式。

图像的编排——图像在版面中的编排不仅影响了图像本身视觉意义的传递，也影响了版面的最终视觉效果。在书籍版面中，图像可以与文本混排，也可以与文本并列形成独立的视觉结构。按分类来说，那些需要强调图像本身的视觉价值的，例如艺术性插图，一般可以占用版面的半页或全页，与文本页面形成对称的版面形式。而对于那些配图数量相对较多的书籍版面，可以通过对

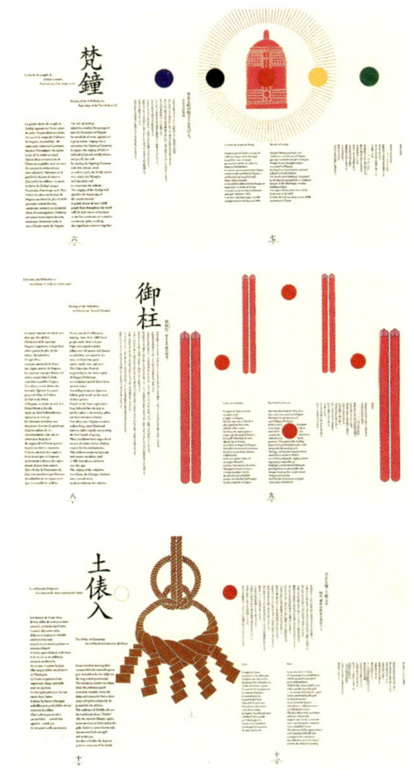

图6-9　纵向与横向文字融合的书籍版面

图6-10　变异的文字排式

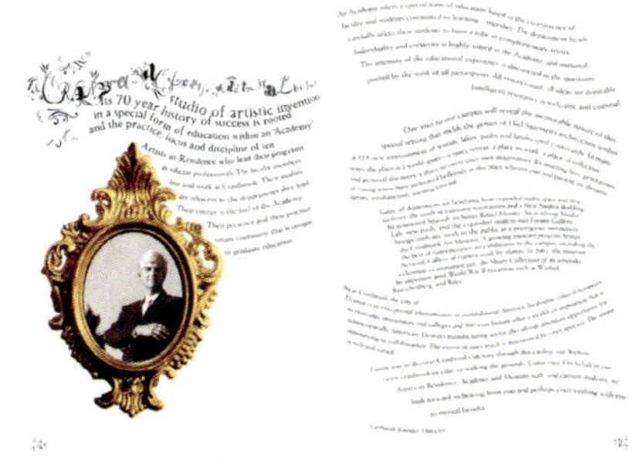

图6-11　图形化的文本排式

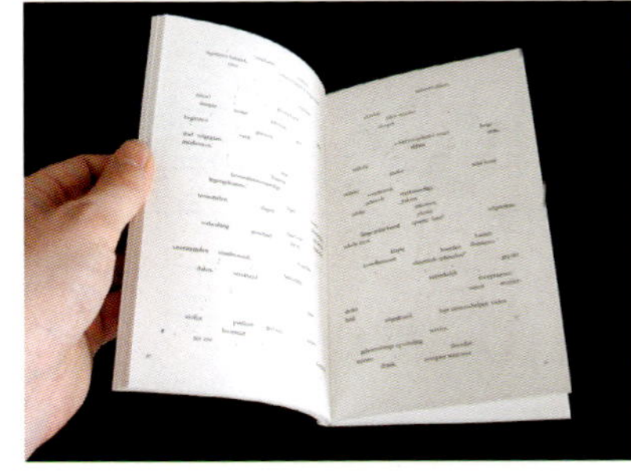

图6-12　与内容相呼应的文本排式变化

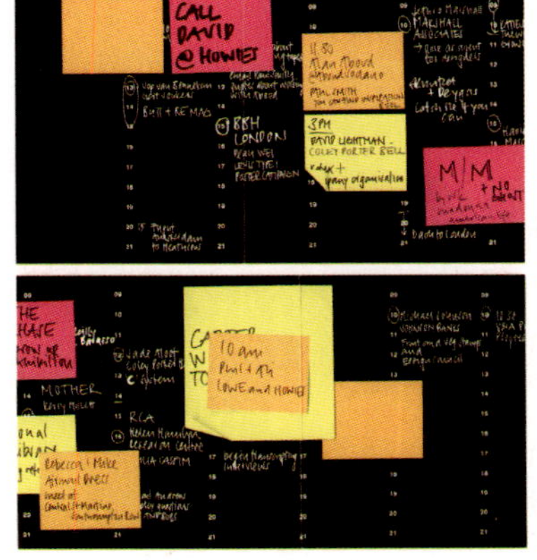

图6-13　手写形式的文本排式

图6-14　版心图像（左）与出血图像（右）

图6-15 各种形式的出血图像

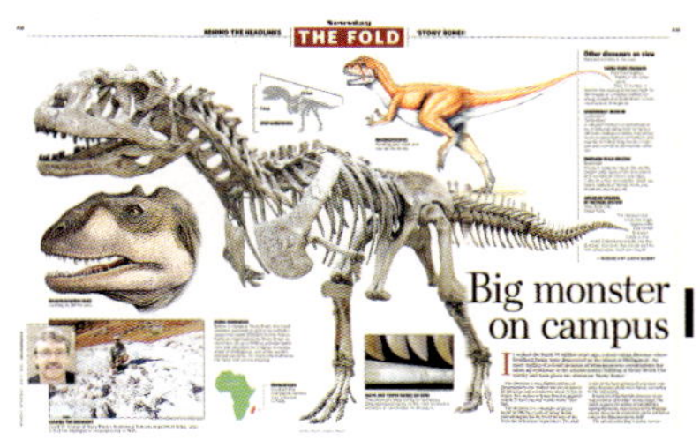

图6-16 去底图像

图像的视觉处理，在比例的基础上形成并列、主次和韵律等规律性的图像关系。并列关系是指书籍版面中具有相同信息级别和视觉形态的图像组合，主次关系是指版面中具有对比关系的，不同信息级别和视觉形态的图像组合，而韵律关系则是指图像之间按照一定的视觉规律排列形成的重叠、螺旋、发射及渐变等组合形式。在书籍的版面设计中，对图像信息级别的分类和视觉形态的调整有利于建立起这些图像之间的内在联系，形成版面整体的视觉结构。

无论是摄影图片还是创作插图，图像总是带有主客观的视觉结构。在书籍版面设计中，这种图像本身的构成方式是影响版面整体布局的重要因素，也是版面结构创作的重要提示，利用这一特征，可以形成图像与版面中其他元素之间整体而有机的视觉联系。

而从“点线面”的特征来看，在书籍版面中，图像更多地充当了“面”的角色，因此在视觉整体上，书籍版面中图像的“面”需要与版面中其他“点线面”形态的视觉元素相呼应，通过对比和协调形成丰富的视觉层次。这种“点线面”的关系也体现在书籍的页面整体中，图像通常是从前至后贯穿了书籍的整体，而依据书籍的实际内容对图像的强度和密度进行调整，通过页面之间的对比与协调，强调与连续则可以使书籍整体呈现出节奏性的视觉关系（图6-17至图6-19）。

6.2.3 其他版面元素

文字和图像是书籍版面中最基本的视觉元素，这些元素直接参与了实际内容的表达，因此显得尤为重要，而在一个完整的书籍版面中，视觉元素不仅仅是文本和图像，还包括了结构元素、装饰元素以及导航元素，尽管没有具体的表意功能，这些视觉元素仍然从各自的角度参与了书籍的版面创作。

结构元素——在书籍发展的历史中，古巴比伦人泥板书籍的表面刻画有纵

图6-17 简单的图像版面

图6-18 呈现并列和主次关系的书籍版面图像

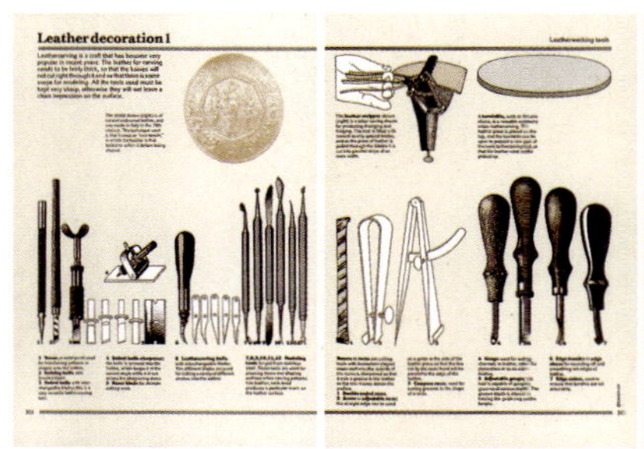

图6-19 呈现韵律关系的书籍版面图像

横划分的线条，中国的古籍版面则有着被称为版框、行格和界栏的视觉结构。尽管这些抽象元素不直接参与书籍信息的表达，但由于起到了整合和规范版面的作用，因此都可以被看作是具有主动意识的版面创作。在现代书籍版面中，这些抽象元素作为一种不可或缺的结构“调剂”，串联了版面的视觉内容，划分了版面的视觉区域，清晰了版面的视觉秩序，从而间接地促进了版面信息的传达（图6-20至图6-22）。

装饰元素——历史上某种书籍风格的形成几乎都与版面的装饰直接相关，甚至于典型的现代主义版面也是要以“无装饰”为特征。对于单纯枯燥的版面内容而言，适当的装饰元素有助于版面形成鲜明的风格倾向。与古典时期“喧宾夺主”的版面美化相比，现代书籍的版面装饰更多是简洁、抽象、隐晦的，这也在一定程度上保证了版面阅读功能这一首要目的的实现（图6-23）。

导航元素——依据实际经验不难想象，如果没有页码和页眉，书籍的阅读恐怕会变得有些盲目和尴尬。在书籍版面中，页码和页眉起到了内容检索和

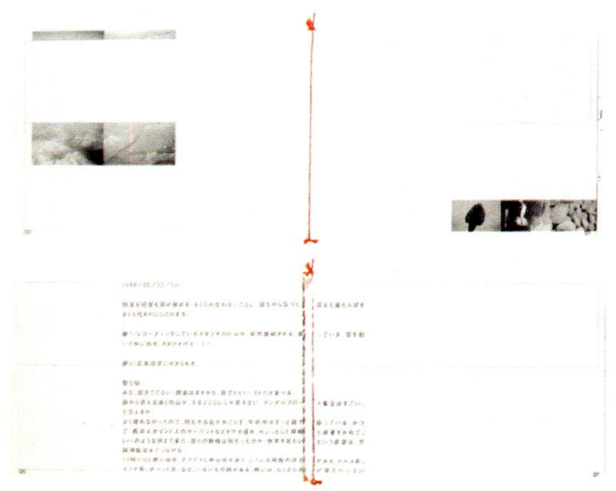

图6-20　结构性元素将版面划分得更为清晰

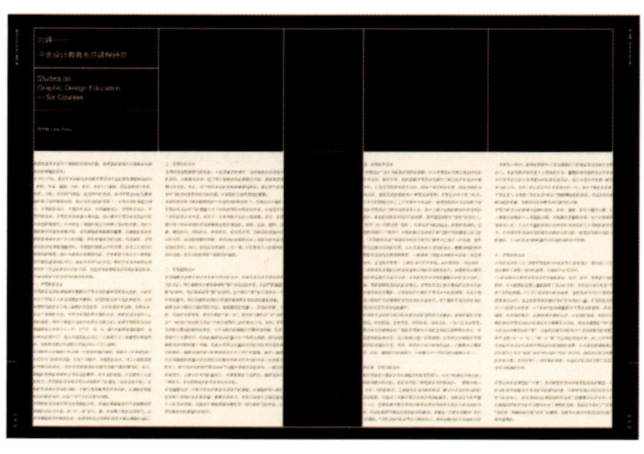

图6-21　结构性元素将版面划分得更为清晰

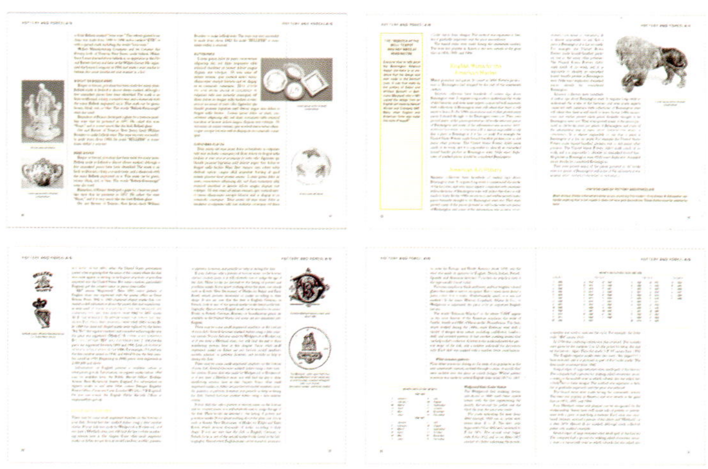

图6-22　结构性元素将版面划分得更为清晰

图6-23　装饰性元素丰富了文本版面的视觉感受

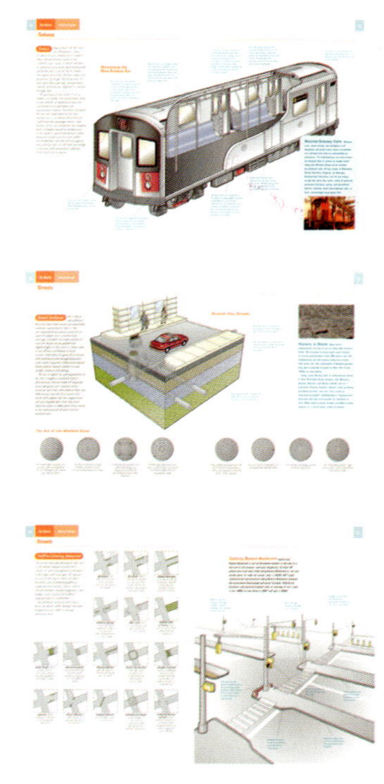

图6-24　书籍版面中导航清晰的页码和页眉设计

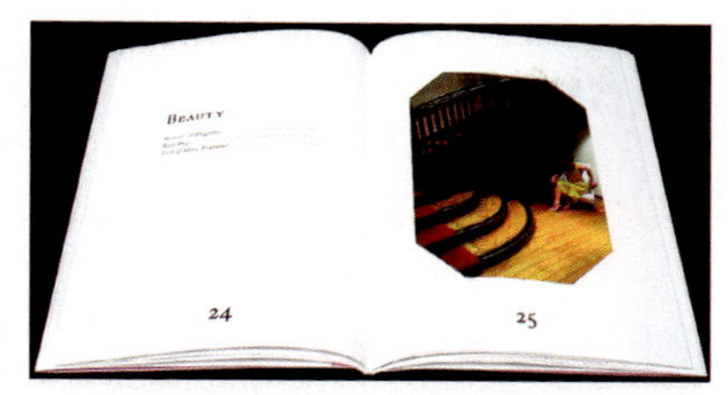

图6-25　放大了的页码具有了视觉装饰作用

提示的作用，是类似于交通指示系统的"导航"元素。从视觉形式上，这些导航元素一般是独立于书籍版心之外的，页眉常常放置在书页上口靠外的部分，而页码通常在书页下口靠外的部分，这些约定俗成的位置都是出于功能性的考虑，既突出了这些导航信息，方便读者的检阅，又避免了对于正文版面的影响。现代书籍设计中，在承担这种功能性任务的同时，导航元素往往也可以通过造型的创意形成风格化的系统样式，为版面带来功能基础上的趣味性（图6-24、图6-25）。

6.3　古典版面设计

古典风格可以用来形容20世纪之前绝大多数书籍所体现出来的版面特征。这种版面风格历史悠久，现存最早的西方手抄本书籍《梵蒂冈维吉尔》（VATICAN VIRGIL）中工整对称的版面就已经具备了这种风格的基本要素。而公元1455年德国人谷腾堡以金属活字印刷的《42行圣经》则成为了这种版面风格的典型代表，在这部书籍的设计中，文字采用了分栏的形式，版面较先前的手抄本书籍更为工整有序，同时，金属活字的出现使得版面逐步摆脱了旧式的木刻制作和雕版印刷的限制，文字和插图可以进行灵活的拼合安排，版面细节因此显得更加精确和丰富。在此后数个世纪的发展里，伴随着印刷技术的进步，人们的创作实践以及工业时代的产业化经验，古典主义风格的书籍版面日趋完善。因其所具有的特殊历史和视觉价值，古典的版面风格至今仍然普遍体现在现代的书籍创作中，并开始与时代性的设计语汇相融合，体现出视觉形式的延展。

图6-26　对称是古典版面风格最基本的特征

6.3.1　古典版面的视觉特征

对称的版面秩序——作为人类视知觉最本能的习惯，对称形式的视觉构成占据了人类大部分的视觉生活。在书籍发展的历史上，自从对页结构的"册本"出现以后，对称的美感即被赋予了书籍的版面设计。在20世纪之前，尽管各个时代的书籍在字体、插图和装饰等视觉元素上具有一定的差异，而其根本的版面结构都是对称的，这种对称性不仅体现在相对的书页中，也体现在独立表现的页面，例如书籍的扉页、前言和目录等页面中。在视觉特征上，对称为版面建立了强烈的结构秩序，因而往往能为书籍带来清晰和工整的版面感受，而这种版面感受通常是和传统的、唯美的视觉心理直接对应的（图6-26、图6-27）。

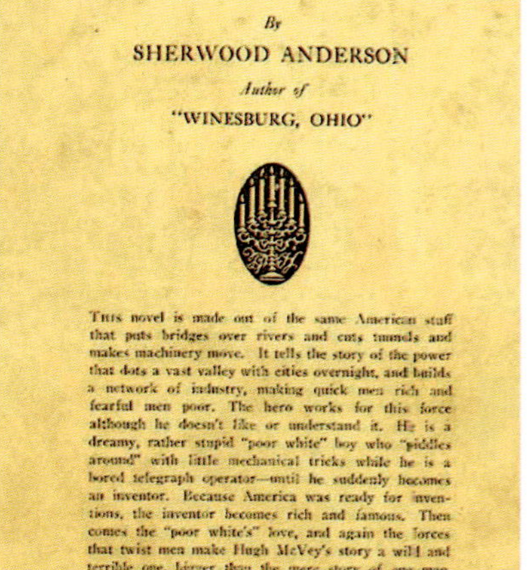

POOR WHITE

By
SHERWOOD ANDERSON
Author of
"WINESBURG, OHIO"

THIS novel is made out of the same American stuff that puts bridges over rivers and cuts tunnels and makes machinery move. It tells the story of the power that dots a vast valley with cities overnight, and builds a network of industry, making quick men rich and fearful men poor. The hero works for this force although he doesn't like or understand it. He is a dreamy, rather stupid "poor white" boy who "piddles around" with little mechanical tricks while he is a bored telegraph operator—until he suddenly becomes an inventor. Because America was ready for inventions, the inventor becomes rich and famous. Then comes the "poor white's" love, and again the forces that twist men make Hugh McVey's story a wild and terrible one, bigger than the mere story of one man. In the end the inventor is cast aside. He can be no longer used by developing America. The book ends with the shriek of factory whistles. If, as the critics have said, Anderson's *Winesburg, Ohio,* marks the point of our literary adolescence, *Poor White* testifies to our artistic majority. It transcends the limitations of the earlier book and develops its latent qualities—the promise of his previous work is fulfilled.

B. W. HUEBSCH, INC., *Publisher*, NEW YORK CITY

图6-27　20世纪初期书籍中的对称形式的扉页

比例化的版心结构——版心的大小和位置是书籍版面设计中重要的比例内容，适合的版心可以形成良好的视觉焦点，促成版面中局部与整体的视觉关系。在现代的书籍实践经验中，16开书籍的版心大致为15 cm×21 cm，而32开书籍的版心大致为10 cm×15 cm。作为古典版面风格的重要特征，在古典版面风格的成型历史中，围绕着书籍版心的具体位置和比例关系，各个时代的设计师对此进行了不懈的探索，形成了多种合理的、至今仍然具有实践意义的版心划分模式。

A. 等距离模式——等距离模式实际是一种绝对对称的版心模式，版心处于版面的中央，天头地脚以及内外边均为相同的距离，这种版心的比例大量地运用于20世纪之前的书籍版面。而几个世纪以来，人们发现等距离的版心比例过于模式化，而从书籍的阅读心理和装订结构考虑，为了形成理想的版面结构，应该对版心进行向页面外边移动，向页面天头靠拢的调整。相比等距离的版心模式，这种优化的书籍版心在实际的视觉感受中显得更为“平衡”和“完美”（图6-28）。

B. 简・奇措德模式——“新版面运动”的代表人物简・奇措德在研究了大量中世纪手抄本书籍的基础上，以比例关系进行了版面划分的实验。经过仔细的计算，他得出了一系列诸如2：3的比例开本，书籍的版心高度应该大于开本宽度，版心四边2：3：4：6的比例等书籍版面的实践经验（图6-29）。

C. 九等划分法——“九等划分法”是在奇措德的研究基础上发展而来的版面划分方式，具体内容是以1：9的比例宽度作为版面的内边和天头，两个1：9的比例宽度作为版面的外边和地脚（图6-30）。

D. 蛇腹划分法——“蛇腹划分法”借用了13世纪欧洲建筑设计师菲拉特发明的数列分割方法，相对于固定的版面比例，蛇腹划分法的优点在于可以依据实际的书籍开本为版面创建一个和谐的数值比例关系，因此在实际的书籍创作中具有更多的灵活性（图6-31）。

衬线字体——古典版面风格的另一个重要特征就是对衬线字体的使用，相对于无衬线字体均匀的字形，衬线字体纤细而富于装饰性的笔画结构自然地传递出了古典主义的内在气质。历史上的许多衬线字体，包括班驳、加拉孟和卡斯隆等字体都是伴随着古典版面风格发展起来的，因而两者之间有着时代的切合。由于衬线字体字形清晰、视觉均匀，因此往往被作为内文字体的最佳选择。中国古典文献中常用的印刷字体，例如宋体、仿宋体以及楷体等字体从某种意义上也具有衬线字体的基本特征，因此也是现代版面创作中最主要的几种内文字体（图6-32、图6-33）。

装饰——古典时期西方书籍的版面往往绘制有精美的纹样和首字装饰，后期的古典风格版面出于对阅读的功能性追求，在装饰上相对于前期的古典版面日趋简化。在现代书籍设计中，融合了现代设计语汇的古典风格，基本放弃了大面积的装饰，更多是通过简洁的图文形式来“点缀”版面（图6-34）。

图6-28　等距离的版心结构

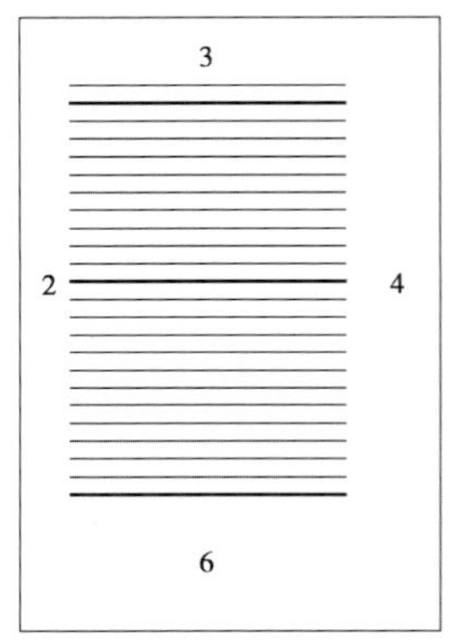

图6-29　简・奇措德2:3:4:6的版心结构

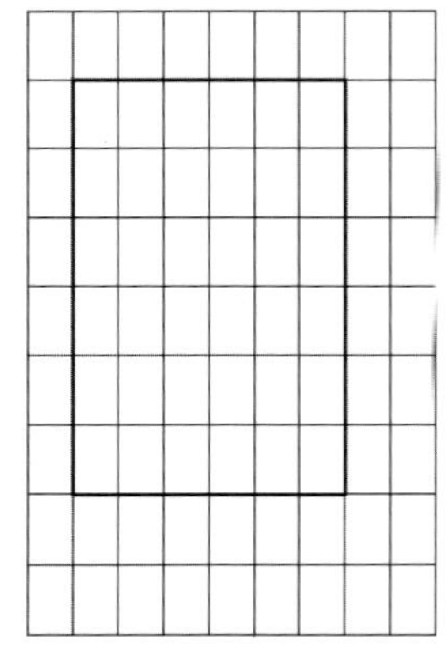

图6-30　九等划分法

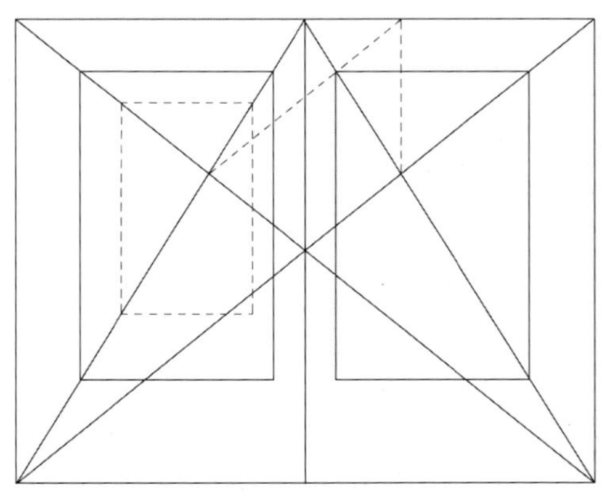

图6-31　蝮蛇划分法

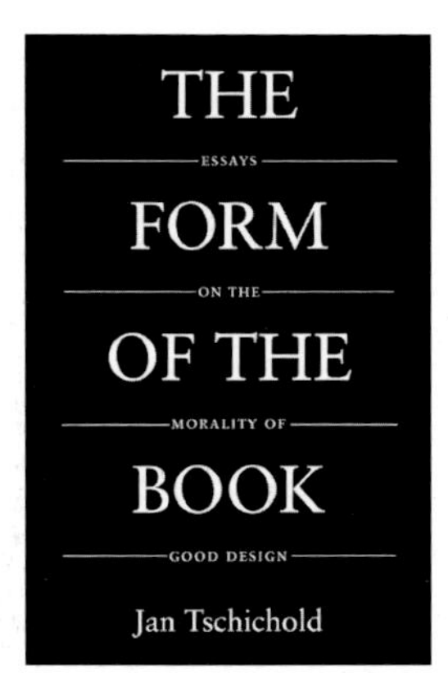

图6-32　对称和衬线字体是古典版面风格的典型特征

Typographic Communications Today

by Edward M. Gottschall

EDITORS

Aaron Burns
Karl Gerstner
Allan Haley
Herbert Spencer
Victor Spindler
Maxim Zhukov

International Typeface Corporation
New York, NY

The MIT Press
Cambridge, Massachusetts
London, England

图6-33　对称和衬线字体是古典版面风格的典型特征

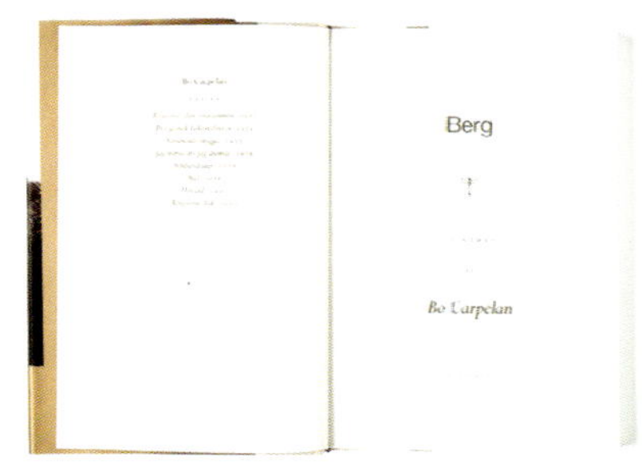

图6-34　现代古典风格的书籍扉页中简约的装饰

6.3.2　中国的古典版面

进入印刷时代以来，在特殊的文化背景和技术条件下，中国的书籍形成了独具特色的版面视觉。其中最明显的特征就是版面文字的纵向排列，这一延续了数千年的编排习惯至今仍然具有一定的普遍性。其次，典型的中国雕版线装书籍具有被称为版框、象鼻、鱼尾、书耳、界栏等一系列特殊的结构，版面的符号化特征十分明显。而在版面整体上，不同于西方古典时期书籍版面的装饰性，中国的古籍以文本表现为主，很少以图案和纹样进行修饰，因此版面显得朴素淡雅，这也体现出了中国人所特有的哲学思考和审美标准。受20世纪初西方现代设计思潮的影响，中国的书籍设计逐渐西化，而版面的样式却因文化的延承而得到了保留，在现代的版面体系中彰显了独特的视觉内涵（图6-35至图6-38）。

6.3.3　古典版面的构建原则

相对而言，古典风格版面的视觉秩序清晰、结构原理简单并易于掌握，因此也是现代书籍设计中十分普遍的版面模式，但古典版面对称的样式和相对教条的比例往往也会带来刻板的视觉感受。在现代书籍的版面创作中，古典风格的运用应当在适度的比例基础上进行局部的调整，例如在对称的主结构中加入

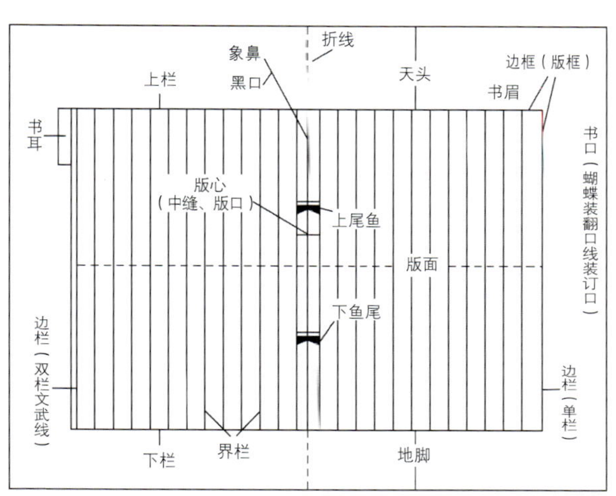

图6-35　中国线装古籍的版面结构

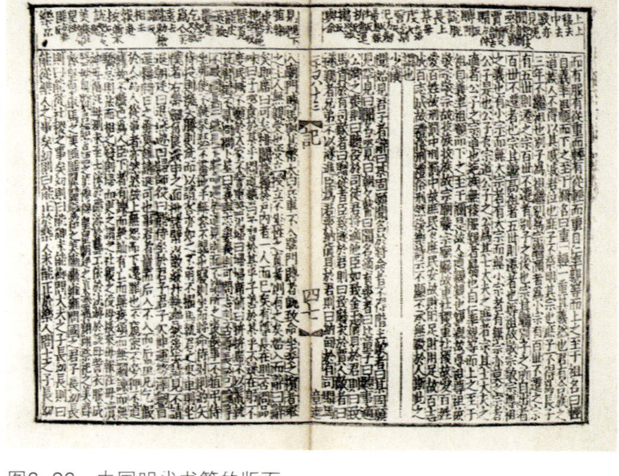

图6-36　中国明代书籍的版面

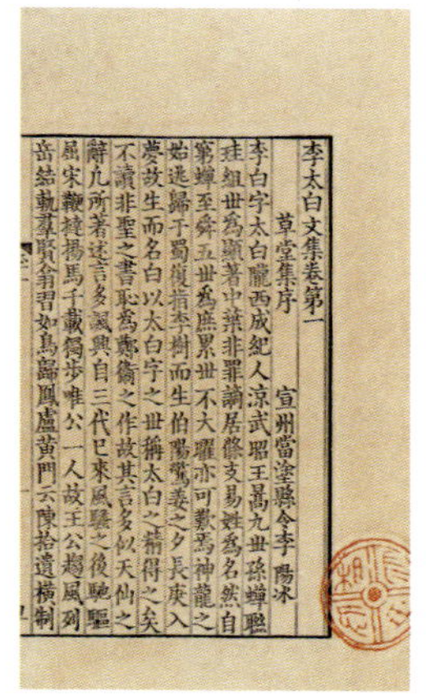

图6-37　中国清代书籍的版面

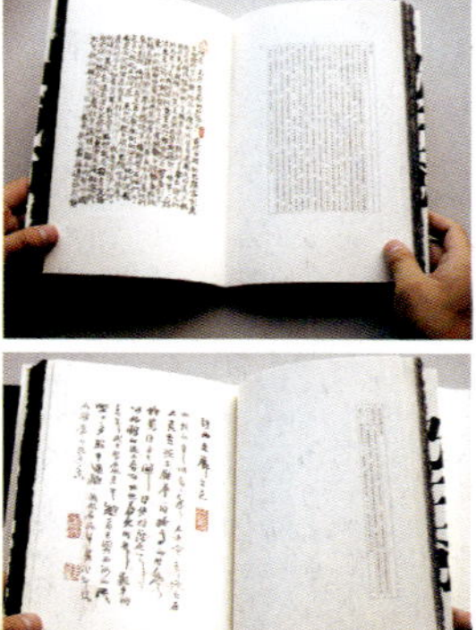

图6-38　现代书籍的中式版面（何君）

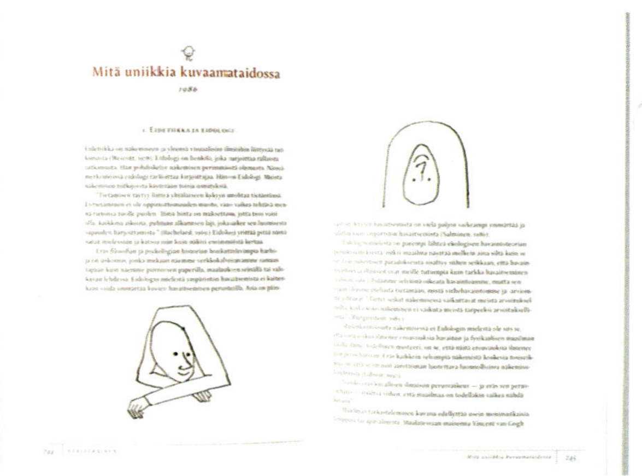

图6-39　生动活泼的现代古典版面

不对称的细节，丰富版面的视觉结构；通过文本大小和字体的对比活跃版面的视觉节奏；通过添加装饰性的符号来增强版面的视觉趣味（图6-39）。

6.4 网格版面设计

网格在视觉创作中的运用并不是一个新生事物，早在古文明时期，人们就开始利用这种技巧创作织物和器皿上的纹样图案，文艺复兴时期的艺术家也曾尝试了以绳索编织的网格来检验绘画构图。真正用于平面设计的网格历史可以追溯到16世纪，公元1529年法国的乔弗雷·托利（Geoffroy Tory）将一种类似网格的方法运用到了字体设计中。而现代意义上的网格体系是建立在20世纪法国建筑设计师勒·柯布西埃创造的模数设计基础之上的，随着这种模数设计体系在平面设计中的运用以及包豪斯和新版面运动的推进，在20世纪50—60年代，网格版面终于在瑞士得以成型，与古典版面不同，网格版面反对装饰以及个人意识，强调了版面的秩序感和清晰性，是一种功能性的版面设计。由于准确切合了战后国际间经济交流的需要，这种版面风格很快得到了世界范围的认可和效仿，并立即进入了全球性的大规模应用，因此这种版面风格又被称为“国际版面风格（International Typographic Style）”。而作为这种版面风格最基础的方法论，网格系统也逐渐成为有史以来最为有效的版面分析和建构方法，当代绝大多数书籍的版面设计仍然遵循着这一理论基础。随着20世纪末计算机技术的发展，大部分的版面设计软件已经提供了与网格相关的辅助功能，凭借着强大的设置，设计师可以从大小、数量和比例上构建具有针对性的网格来进行版面的创作，而数字化之后的网格版面在视觉精度和创作效率上都比以往手工绘制的时代有了明显的提高。

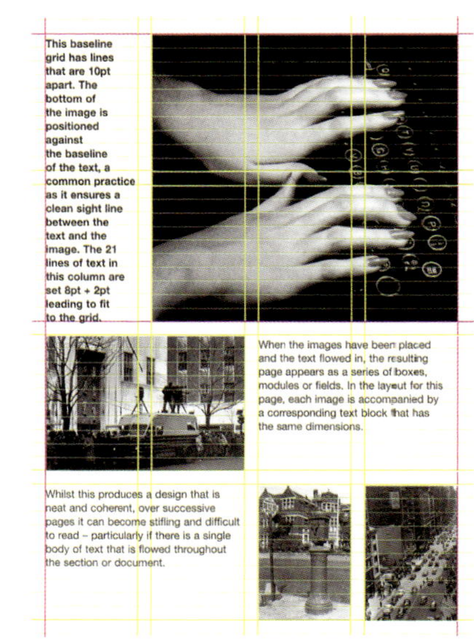

图6-40 在网格版面中，文字和图片被严格限定在规律的视觉区域内

6.4.1 网格版面的原理

顾名思义，网格是由X轴和Y轴交错划分而形成的网状区域。而网格版面设计则是以网格的形式将版面按照级数和比例关系分割成若干功能区域，最终将所有的版面元素按照一定的规范秩序分别加入到这些功能区域中的过程。网格方法力图通过这种简单的格状结构将版面设计秩序化、理性化和公式化，形成和谐统一的版面视觉。

在实际运用中，网格的选择或创造需要与设计内容相对应，信息量小的版面可以创建相对简单的网格模版，而越是复杂的版面则越是需要复杂的网格，甚至是多个网格组成的体系来辅助设计。对于精美的版面形式而言，网格是无形的，如同脊椎动物的骨骼一样，它为所有外在的视觉表象提供了内在的结构支持，并且为它们创造了一种视觉节奏，作为一种设计手段，网格的运用并不一定能带来设计风格的创新，但却能在一定程度上规范版面的视觉，尤其是在大规模的书籍设计中，版面元素往往错综复杂，而网格作为设计辅助则可以为设计师提供一种内在的逻辑参考，从大小、位置和比例关系上调整和规范这些视觉元素，从而保证书籍版面的整体性（图6-40、图6-41）。

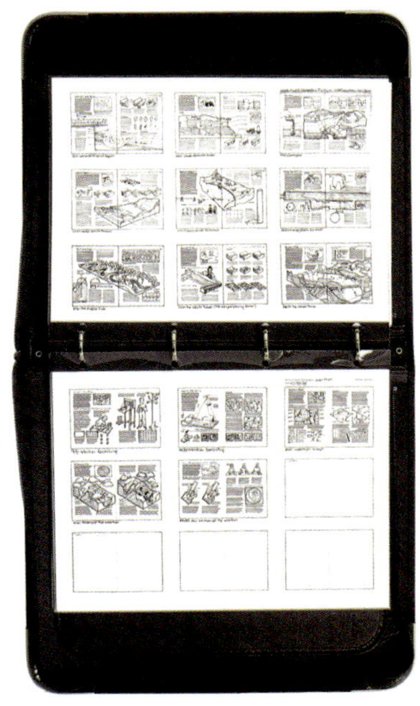

图6-41 网格版面的草图

20世纪中期随着“国际版面风格”的确立，大批设计师对网格进行了系统研究，试图建立一些类似于模板性质的网格分割方法，其中最具代表性的包括了由威尔·霍布琼斯创立的12等分法，卡尔·吉斯特纳（Karl Gerstner）发

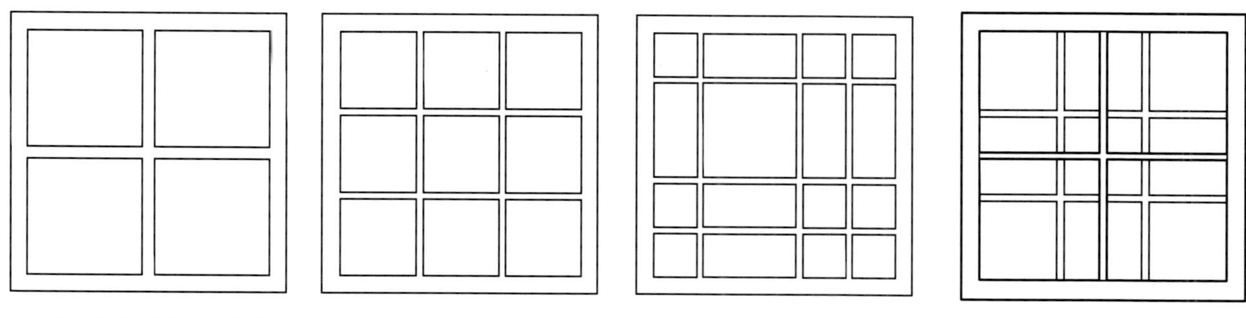

图6-42 从简单到复杂的网格结构

图6-43 两组网格组成的双网格系统

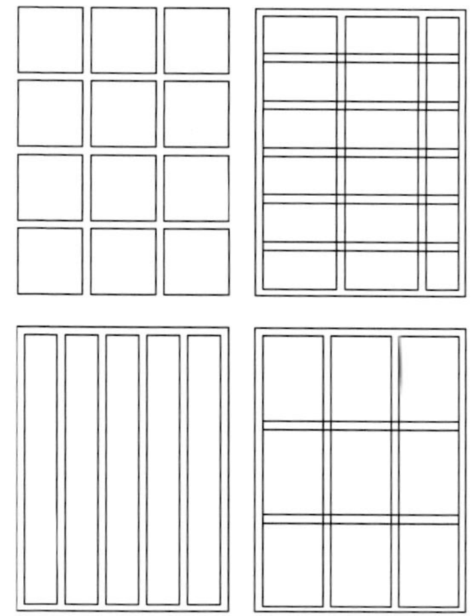

图6-44 多种类型的网格系统

明的，主要运用于正方形的版面的58等分法以及尼霍森分割法，其中尼霍森分割法不以具体的数值和比例为限制，而是强调了版面分割需要主次有序、层次分明、彼此呼应、和谐得体，这也是目前大多数网格版面设计的主导思路（图6-42至图6-44）。

6.4.2 网格版面的视觉特征

均衡的版面结构——尽管网格版面和古典版面都强调了一种比例的营造，但在视觉面貌上，网格版面的结构显然要比前者复杂得多。古典版面作为一种静态的版面结构，强调了版面的对称特征，因而缺乏局部调整和变化的可能，而网格系统则是一个动态的，具有适应性的版面设计方法，能灵活地适应版面内容的变化和调整，为版面带来一种均衡的而不是机械的比例关系（图6-45、图6-46）。

无衬线字体——在西方进入工业革命之后，日益商业性的版面迫切需要有能取代传统字体，更具视觉冲击力和表现力的字形样式，因而在19世纪中期，无衬线字体应运而生，据说是因为解决了工业大生产时代的技术限制（早期工业生产时代简陋的技术往往使技工在植字时弄断衬线字体纤细的字脚）而受到了印刷行业的普遍欢迎。无衬线字体在20世纪初期得到了巨大的发展，集中体现在现代主义的版面实验以及包豪斯的教学实践中，在当时，无衬线字体的使用是现代主义版面重要的特征之一。20世纪中期，大量的无衬线字体被创作出来并开始形成了系统化的字体体系，伴随着国际版面风格的流行，无衬线字体也成为了网格版面主要的字体样式之一（图6-47）。

几何图形和摄影图像——为了强调视觉传递的清晰性和准确性，网格版面杜绝了无意义的装饰，在版面中更多地运用了辅助结构表现的几何图形，这些被抽象成点线面形态的视觉元素使版面呈现出了更加理性的视觉秩序。而在20世纪早期，摄影图像的运用曾一度被作为现代主义版面的重要特征，因为准确和客观的视觉再现，摄影图像也是现代的网格版面中最常使用的图像类型（图6-48）。

6.4.3 网格版面的构建原则

以网格来进行书籍版面的创作是一种严谨思考的机制，任何一个网格体系的确立都需适合实际的设计对象，设计对象的复杂程度决定了网格的复杂程度。选择网格首先要考虑书籍版面上所有视觉元素的类别、数量、组织关系和

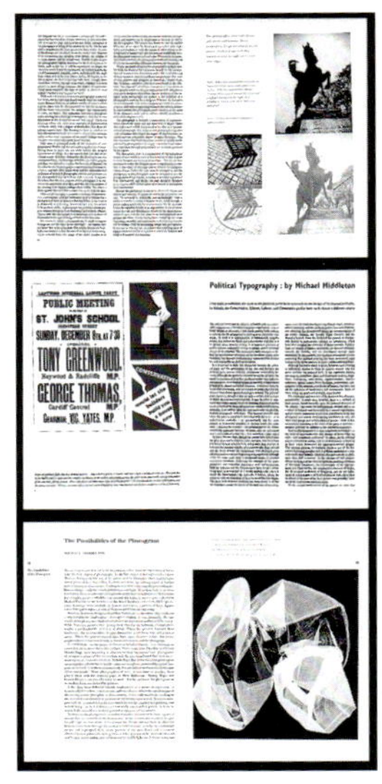
图6-45　清晰均衡的网格版面

图6-46　清晰均衡的网格版面

图6-47　网格版面中冷静现代的无衬线字体

图6-48　网格版面中的摄影图像

图6-49　灵活整体的网格版面

信息级别，在具有多类别和多层次信息的版面中，复杂的网格有利于把版面分解成多个视觉单元，从而为这些信息提供放置的依据。而诸如纯文本和纯图像等视觉元素单一的版面就没有必要选用复杂的网格样式，过于复杂的网格样式往往是一种设计的桎梏，教条化了版面的细节反而使版面丧失了感性调整的可能，相反，适合版面内容的、简单的网格体系则可以使设计师在网格构建的框架内发挥主观的能动意识，对版面进行灵活的经验性调整（图6-49）。

网格是有效的版面设计手段但却不是万能的，在以网格体系为基本规范的版面创作中，版面样式不能教条地局限于网格的理论规则，利用“对比”和“变异”等形式手法能消除网格体系所带来的模式化外观，在整体的版面创作中，依据实际内容和创作要求对版面作出经验性的调整才是灵活的网格运用。20世纪60年代，对于网格系统的诟病大都集中在网格版面同质化的视觉样式上，实际上，具有原理示范性质的标准网格版面很容易使人将这种单一的版面特征与风格联系在一起。作为版面创作中的具体手段，网格是无形的，因而无法有效地参与版面风格的塑造，而网格体系真正的意义在于为版面风格建立基础性的视觉规则，在此规则基础上，通过版面中字体、色彩和图形等显性的视觉元素的变化，使网格版面同样也可以具有更多样的视觉外观，这种风格化、个性化的网格版面也是现代书籍创作时代性的要求。

6.5 自由版面设计

随着20世纪50至60年代“国际版面风格”的形成，以网格为手段的版面设计理论逐步在世界范围内树立起权威并开始主导了包括书籍在内的几乎所有的平面设计，但这种版面风格的滥觞在一定程度上遏制了设计师个人语汇的表达，呈现了某种机械化和模式化的弊端。而身处同时期西方运动和思潮下的战后新一代平面设计师则从不同角度对现代主义体系进行了解构，这一时期的新浪潮风格、波普风格、迷幻风格或者是具有东方主义色彩的平面作品都表现出了异于现代主义的版面样式，这一切都为自由版面的形成奠定了形式和理论的基础。事实上，早在20世纪初期的现代艺术流派未来主义和达达主义的作品中就曾出现了类似自由版面的实验性特征，而20世纪晚期形成于美国的自由版面风格与这两者有着密切的渊源，是这两个艺术流派某种程度上创作精神和意象形式的接替者。

早期人类的文献版面由于受技术条件的限制而无法形成统一的版面标准，呈现出一定的偶然性。因为纸张和印刷的发明，版面开始形成了规律性的空间形态和表现形式，并随着技术的进步而不断的细节化和标准化，直到发展出以数值化的网格来严格控制的版面秩序。20世纪末，技术的革新再次将人类从这种由技术建立的标准化中解放出来，改变了印刷物的视觉面貌，因此，从这一过程来看，自由版面设计的形成也是人类技术发展所必然带来的思想解放。在后现代主义思潮的影响下，人们对视觉形态的关注开始强于对视觉意义的关注，从表面看来，自由版面偏离了现代主义所标榜的功能性原则，但与古典版面和网版面相比，自由版面未必是最“易读”但却是最“可读”的，而这种可读性在现代审美背景下也越发成为了一种不可缺少的功能需求，正如自由版面风格的代表人物美国设计师大卫·卡逊（David Carson）在面对评论家指责他作品低识别度的时候反驳说：“他们低估了热情的读者或观众的能力，也忽视了一件视觉效果独特的版面可以激发读者兴趣和想象力的功效。”

图6-50　无版心的自由版面结构

6.5.1 自由版面的视觉特征

不确定的版心——从多页书籍的诞生开始，人类的版面实践就开始从单幅的页面转移到对页的、连续的页面中，形成了天头地脚以及版心等一系列围绕这种页面形态的版面结构，与古典版面严谨的对称结构和网格版面的模数结构不同，自由版面没有固定的版心，而是类似于绘画，将版面作为一个整体进行设计。由于这种不定的版心突破了以往版面编排规律性的视觉区域和视觉流程，通过字体和图形等视觉属性的夸张和对比来引导版面阅读，因此版面的阅读性得到了显著的提高。类似于网络时代的文本链接，自由版面在富于变化的版面结构下营造了丰富的视觉和想象空间，具有典型的后现代主义色彩（图6-50、图6-51）。

图6-51　无版心的自由版面结构

解构手法——解构是后现代主义在建筑、雕塑和平面设计中的常用手法。自由版面设计直接针对了古典版面和网格版面所倚重的数值化、理想化的版面结构，将版面中的点、线、面等视觉元素重新定义并赋予了个性化的、符号化的特征，创建出无规律的、无秩序的版面视觉，但这种解构并非是无意识的行为，而是在潜在视觉规律上进行的对于个人语言和时代风格的探索（图6-52）。

视觉符号——通常意义上的自由版面往往带有大量的视觉符号，这些符号包括了版面中被图形化的文本以及具有时代特征的图形和图像。与古典版面以及网格版面对文本清晰明确的功能性追求不同，自由版面强调了文本的视觉特征，大卫·卡逊的自由版面即通过残损的文本符号以及印刷油墨的污渍表达了对“印刷终结”的情愫。在自由版面中，表意并非是文本唯一的功能，视觉形式和视觉象征上升成为首要目的，这些在一定程度上被消解了意义的文本通过在节奏、位置和韵律上的变化增强了版面的层次感和肌理感，并通过主观的设计意识建立起了迷宫般的阅读秩序，营造了版面中最具可读性的亮点。可以这样认为，在自由版面中，文本丧失了先前权威的表意地位，演变成读图时代所惯用的视觉形式，从而再次激起了人们的阅读兴致（图6-53）。

6.5.2 自由版面的构建原则

人们常常迷惑于自由版面所散发出的一种“无秩序”的视觉表象，事实上，在自由版面的创作过程中，包括对比、疏密、大小、肌理等形式法则仍然发挥着重要的作用，自由版面体现了混沌语汇中蕴涵的视觉韵律，具有“无秩序形态”下潜在的创作规律，把握这种创作规律才能将自由版面控制在具有美学价值的视觉范围内。其次，自由版面通常具有强烈的符号化特征，尽管20世纪90年代大卫·卡逊创作的自由版面一度成为了这种版面风格的视觉范式，但事实上，自由版面的风格形式应该是个性的、多元的，这也正切合了 “自由”的本质意义（图6-54至图6-57）。

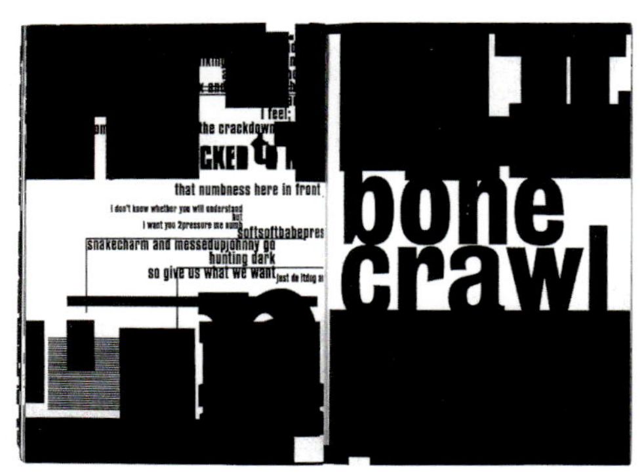

图6-52　自由版面中点线面形成的版面秩序

图6-53　自由版面中图形化的文本

图6-54　内维尔·布隆迪自由版面中的个人符号

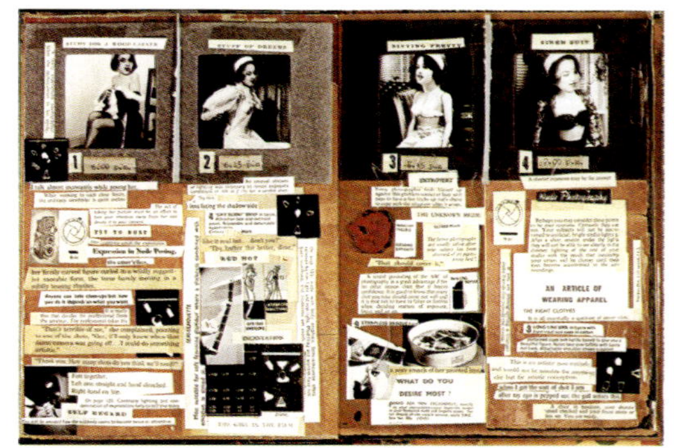

图6-55　拼贴形式的自由版面

并非所有的书籍都适用自由的版面风格，相对来说，自由版面的不定的视觉结构和多变的视觉元素会大大增加书籍创作的工作量，因此无法普遍适应追求效率的现代商业出版。其次，自由版面的表现性与书籍的本体功能之间也存在着一定的矛盾，尽管有着可读性的价值，但这种可读性仍然是建立在一定的功能基础之上，特别是在大规模的、以文本叙述为主的书籍版面中，过度的视觉表现往往会使书籍失去最本质的价值。在现代书籍设计中，自由风格的版面除了针对特殊类型或题材的书籍之外，更多是运用在局部版面中，通过自身感性的视觉表现与其他“理性的”版面一起构成并丰富了书籍整体的视觉效果。

6.6 版面设计的流程

荷兰书籍设计师朱斯特·霍舒利（Jost Hochuli）曾经将书籍的版面设计分成了宏观与微观的方式——宏观方式是将书籍的视觉元素与页面作为一个整体，而微观方式则是对于字体、距离以及空间的设计。从单独的页面到相邻的两个页面再到所有的页面，书籍的页面之间存在着局部与局部、局部与整体的关系。按照这种关系，书籍的版面设计又可以划分为单页的设计、对页的设计、相邻页面的设计以及整体页面的设计。书籍的版面设计是整体工程，极少有书籍是逐页进行的。因此在书籍的版面设计之前，往往需要对书籍实际内容的信息量和编辑体例进行分析，综合考虑信息组合的可能性和合理性，并以此确定版面的数量、版面的结构和版面的风格。而作为书籍版面中相对恒定的视觉内容，字体、间距、行距以及版心、栏宽、页码和页眉等视觉内容也是书籍整体系统的形式基础，需要进行预先的设计。在现代书籍实践中，计算机软件的运用使这种系统化的设计过程更为便捷，Adobe公司出品的专业出版软件Pagemaker中的“母板”和“首页”等功能设置的目的就是在于建立这种宏观的版面框架，这种框架保证了在书籍版面设计过程中，在多达数百页的反复“劳作”过程中，设计师始终保持着“清醒的”创作方向。而在宏观的基础上，微观的版面细节也是不可缺少的，宏观的版面框架只可能是针对书籍的视觉纲要。在实践过程中，某些页面往往因为版

图6-56　涂鸦形式的自由版面

图6-57　结合了多种风格语言的自由版面

面内容的特殊性而与这种框架产生一定的矛盾，在这一时候，就需要对版面的结构和形式做出灵活的调整，使版面的个体视觉与整体的视觉框架呈现出动态的联系（图6-58至图6-60）。

图6-58　版面的宏观风格与微观细节

图6-59　版面的宏观风格与微观细节

图6-60　版面的宏观风格与微观细节

7 书籍的插图设计

从字面意义上理解，书籍插图是指在书籍中对文本内容进行论证和说明的图像，传统意义上的书籍插图仅限于手绘形式的插画作品，这种类型的插图更类似于绘画的创作，而现代书籍插图的内容则相对宽泛，包括了书籍中所出现的插画、摄影图片、图表等所有图像类的视觉内容。

7.1 插图的历史

插图的历史是与书籍不可分割的，在20世纪之前，插图就是对书籍图像的特指。在早期人类的书籍实践中，插图占有相当重要的地位，作为当时最主要的视觉创作手段，书籍中直观具象的视觉形象弥补了当时社会对于文字认知的普遍不足，甚至在相当长的一段时期内，书籍呈现出“重图轻文”的现象。西方早期的手抄本书籍宗教色彩浓重，插图大都描绘了与宗教相关的人物和场景。在进入印刷时代以后，伴随着书籍的平民化，插图具有了更广泛的说教作用，各个时代的艺术家也开始参与书籍插图的绘制，插图形成了多种表现风格。到19世纪末，插图已经不仅仅局限于书籍，也开始成为广告、包装和报纸等平面设计中重要的视觉表现元素（图7-1至图7-3）。

中国的书籍插图历史悠久，早在汉代以前就出现了图文并茂的典籍，中国清代的学者徐康在其著述中说：“古人以图、书并称，凡有书必有图。”作为雕版印刷和木刻版画的起源，实际上，中国古籍中的版刻插图也是世界上最早的书籍插图印刷品。目前存世最早的，公元868年中国唐代的雕版印刷作品《金刚经》的版面中就配有精美的插图。从宋代开始，对书籍中的插图进行了

图7-1　古埃及纸草文献中的插图

图7-2　15世纪西方书籍中的装饰性插图

图7-3　19世纪末西方儿童书籍中的插图

细分，文学类和科技类的书籍中开始出现了不同的插图类型。元明两代是中国书籍插图的鼎盛时期，元代小说和戏曲的繁荣使插图获得了丰富的素材，这一时期的《西厢记》、《水浒传》、《牡丹亭》和《金瓶梅》等书籍插图都达到了极为精湛的水准，而彩色套印技术的出现也使得当时的书籍插图在表现手法上更为多样。在中国古代，随着插图在书籍中出现位置的不同，称呼也有所不同。宋代和元代的小说中，在内页版面中出现的插图被称为“出相”，而明清时期书籍扉页中出现的插图被称为“绣像”，表现章回故事的则称为“全图”。在很长的时间内，中国古籍书中的插图因为保守的印刷技术保持了木刻版画的传统，形成了以线条为主的插图风格，这种特殊的风格直到20世纪之后随着书籍设计的逐渐西化才得以改变（图7-4至图7-6）。

在摄影术发明之前，手绘插图一直是人们以具象的视觉方式观察和洞悉世界的重要途径，这种延续了数千年的习惯如此根深蒂固，以至于在摄影术发明后的一段时间内，人们都纷纷质疑照片的真实性。在20世纪中期大量的现代主义书籍版面中，摄影图片迅速取代了手绘插图成为了书籍中最常见的图像类型，在这一过程中，传统的手绘插图由于低效率的创作逐渐受到了冷落。随着上个世纪末数字化技术的发展，插图的创作手法和视觉样式进一步得到了

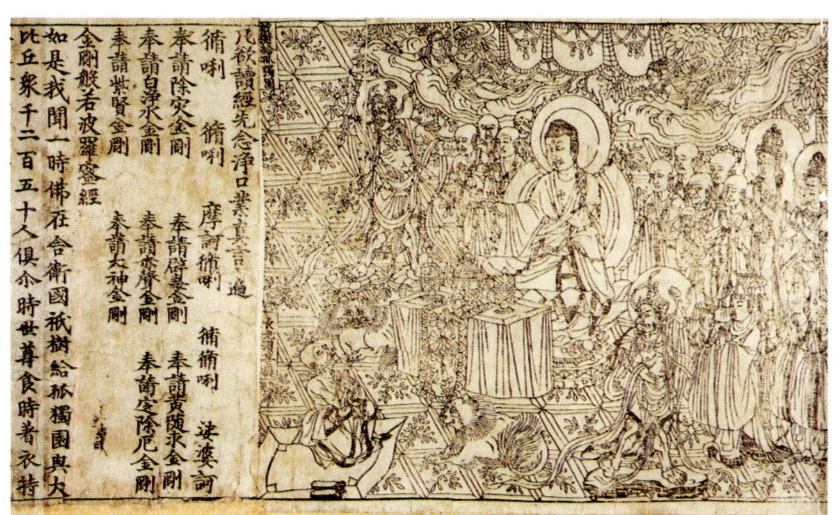

图7-4　公元868年中国唐代《金刚经》插图

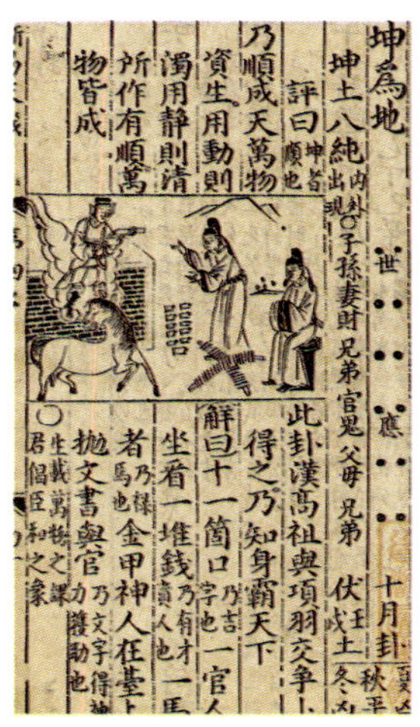

图7-5　中国明代书籍中的插图

图7-6　中国清代书籍中的插图

改变，人们开始结合手绘和摄影的特点，运用计算机赋予的强大的图形处理能力，通过解构和重组等时代性的视觉语言，创造出了大量视觉风格独特、艺术内涵丰富的插图样式（图7-7至图7-9）。

7.2 插图的类型

鲁迅曾经对书籍插图的功能提出了独到的见解——“书籍的插图原意是装饰书籍，增加读者兴趣的，但那力量能补文字所不及，所以也是一宣传画。”不同于绘画的主观性，插图的运用并不是“形式主义”的，对于不同性质的书籍，插图都具有特定的功能。在现代书籍中，按照这种功能来划分，插图大致可以分为艺术性插图、装饰性插图、情节性插图和说明性插图几个类型。

艺术性插图——艺术性插图是依据书籍文本内容中所提炼出的视觉形象进行艺术性加工和表现的插图，作为最接近绘画作品的插图类型，艺术性插图最大限度地融合了插图创作者的个人风格和审美意识，具有视觉表现的独立性。在书籍设计的发展历史中，很多书籍插图本身就是通过艺术家完成的，例如文艺复兴时期德国的丢勒（Albrecht Durer），19世纪末英国的比亚兹莱（Aubrey Beardsley），他们创作的大量书籍插图本身就是风格独特的艺术作品。相比以“忠实”和“还原”为目的的插图而言，尽管受到书籍内容的制约，表现形式和视觉效果仍然是艺术性插图的价值追求，这种插图本身的艺术形式往往也决定了书籍整体的风格走向。历史上最重要的书籍创作实践者之一，威廉·莫里斯在其1896年完成的代表作《乔叟诗集》一书的设计中，通过插图的艺术性和装饰性将书籍的古典主义风格推向了新高。

图7-7 具有数字化特征的现代插图

在书籍实践中，艺术性插图往往适用于例如小说、诗歌、散文、童话等具有创作性的文学类书籍，正是因为在这些类型的书籍中有着诸多虚拟的情节而无法用准确的、真实的视觉形式来还原，而艺术性插图则可以通过比喻、夸张和象征等多种手法营造出视觉形式与文本内容之间的关系，尽管这种描述往往带有创作者强烈的主观认识和表现技巧，而事实上，正是这种主观性和表现性才引发了读者对文本描述的视觉联想和心理感受，这也是其他类型的插图所无法调动的感官体验（图7-10至图7-14）。

图7-8 风格化的儿童书籍插图

装饰性插图——提到装饰性插图，人们更多会联想起西方古典时期的书籍，与中国古典时期的“朴素”的书籍不同，西方古典时期的书籍呈现出近乎奢侈的装饰性特征，从书籍的边饰到题头、内页到封面，几乎都配有精美的、抽象或具象的装饰。与艺术性插图不同，这些书籍中的插图本身并非辅助文本进行视觉说明，更多的是从装饰性角度出发，对书籍进行修饰和美化。进入20世纪以来，现代主义无情地摒弃了书籍中的繁琐装饰，呈现出理性和功能性的一面，古典书籍中的装饰性插图已经更多地演变为底纹、色块或者是抽象的视觉符号。尽管如此，在现代书籍设计中，这种充满复古情结的、装饰主义的插图样式作为一种符号化的视觉语言仍然屡见不鲜（图7-15、图7-16）。

图7-9 具有时代特征的手绘插图

情节性插图——情节性插图是与书籍内容结合得最为密切的插图类型，它配合了书籍内容中实际的情节发展，还原或表现了情节发展中的人物和场景，

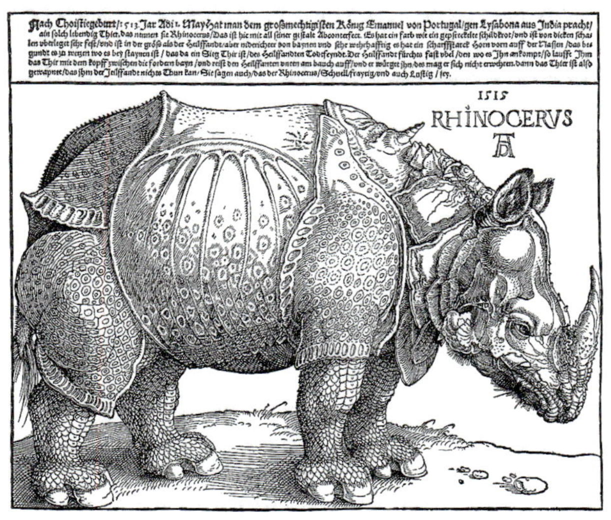

图7–10　文艺复兴时期德国人丢勒绘制的书籍插图

图7–11　19世纪末英国人比亚兹莱创作的书籍插图

图7–12　比亚兹莱的插图创作带有明显的艺术性风格

图7–13　威廉·莫里斯于1896年完成的《乔叟诗集》一书中的插图

图7–15　15世纪西方书籍版面中的装饰性插图

图7–14　现代书籍中的艺术插图

图7–16　威廉·莫里斯绘制的带有装饰性的书籍插图

是从属于文本叙述的视觉说明。以这类插图为主的书籍又被称为插图本，最典型的就是连环画和儿童图书。相比单纯直白的文字描述，情节性插图通过具象和细节的视觉表现，使文本的叙述具有了真实性、连贯性和丰富的想象空间。

情节性插图实际是与文本内容密切对照的，因此要求插图的创作者对书籍内容本身有着深入的了解，在创作的时候需要依据章节和对应文本内容的情节高潮，选择最具典型性的视觉形象进行创作，以保证插图与对应文本之间逻辑关系的一致性。在实际创作中，情节性插图往往是通过贯穿书籍整体的一系列插图组合来描述情节发展的全过程，因此在视觉上要注意前后插图表现手法的一致，保证书籍整体视觉风格的完整（图7-17、图7-18）。

说明性插图——说明性插图基本采用写实的手法以突出功能性的要求，是一种最为客观的插图形式。在常使用这一类型插图的工具类和专业类书籍中，说明性插图将结构、原理和流程等抽象的文字叙述归纳成更清晰易读的图像语言，从视觉上弥补了专业性和学术性文字的枯燥面孔，从而提高了读者的阅读兴趣。

尽管大多数说明性插图是写实性的，需要忠实于描述对象，但过于写实和细节性的描述并不有利于插图对象本身视觉特征的传达，因此说明性插图需要在保证事物原理和原貌的基础上进行视觉提炼，通过简化描述对象中带有矛盾性和复杂性的细节，勾勒出插图对象最典型的视觉特征。在现代书籍设计中，尽管说明性插图大多遵循着严谨和科学的创作态度，但艺术性的表现手法往往能为插图带来独特的视觉风格，满足当前时代人们特殊的读图趣味（图7-19、图7-20）。

图7-17　与书籍内容密切结合的情节性插图

图7-18　与书籍内容密切结合的情节性插图

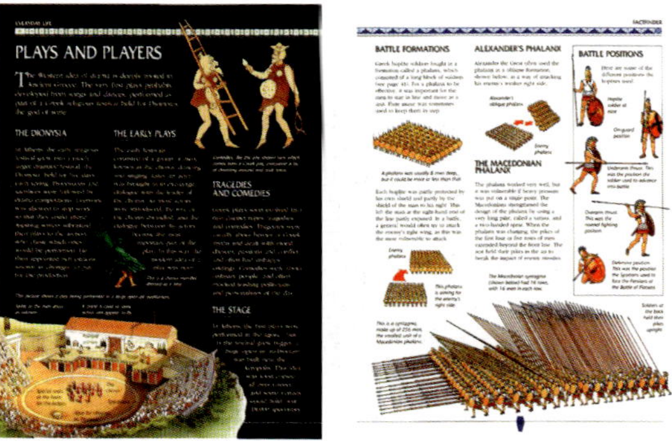

图7-19　现代书籍中的说明性插图

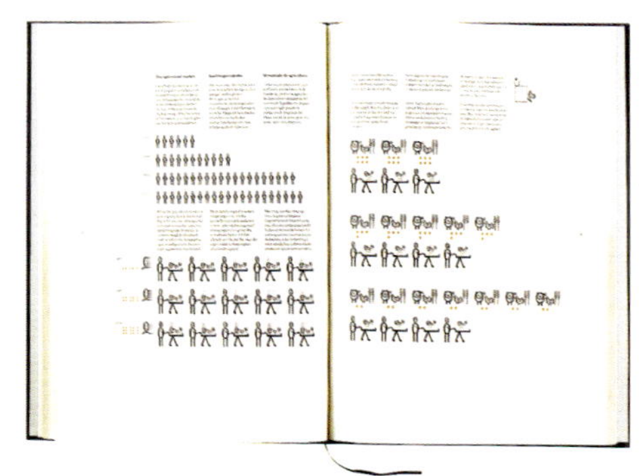

图7-20　风格化的说明性插图

7.3 插图的手法

以功能性来划分书籍插图是比较容易的，无论是艺术性的、装饰性的、情节性的或是说明性的书籍插图都表现出了明显的功能倾向。而从艺术性的角度来看，不同时代、不同民族、不同个人的插图创作都带有迥异的视觉面貌，尤其是在现代多元的审美背景下，通过数字技术创作出来的插图样式更为繁杂多样，因此，即使是同一功能类型的书籍插图，视觉风格也是多变的。但如果从插图的创作手法来看，现代的书籍插图无外乎手绘形式、摄影形式、数字合成形式以及立体形式等几种类型，采用了同类的表现方式的书籍插图则能相对明确地体现出这类插图所共有的一些视觉特质，这其实也是在插图的历史发展过程中形成的阶段性特征。

图7-21　水彩形式的手绘插图

手绘形式——手绘的书籍插图包括了那些以手工方式完成的插图创作。在摄影术发明之前，人类的书籍插图都是通过手工绘制的，无论是文明萌芽时期的人类祖先、中世纪修道院的僧侣还是历史上的艺术巨匠，都曾经创作出了大量精美的手绘形式的插图。由于所采用的绘制工具的多样性，手绘插图具有更多的表现形式和视觉风格，例如线描、水彩、水墨、木刻、剪纸等，而类似于绘画的创作。在手绘插图的创作中，插图作者的造型习惯和个人趣味被最大程度地保留了下来，因此也是所有插图中最具人性化的一种形式。尽管在摄影和数字创作的时代，手绘的插图风格多少显得有些保守和传统，但正是因为最大程度地保留了例如形态、肌理、笔触等最“个人化”的信息，手绘插图得以体现出其他类型插图所不具备的人文价值。在文学类书籍中，手绘形式的插图常常通过浪漫主义的方式创作了与书籍本体关联的视觉形象，并使书籍具有了古典和唯美的气质。而在儿童类书籍中，手绘插图以接近于儿童涂鸦的视觉形式，通过比喻、夸张和拟人手法建立了虚拟与现实世界之间的美好映象（图7-21至图7-25）。

图7-22　木刻形式的手绘插图

图7-23　素描形式的手绘插图

摄影形式——相对手绘插图，摄影插图在书籍中应用的历史并不长，20世纪中期的“国际主义版面风格” 的特征之一就是摄影图片的大量运用。摄影术客观地记录了描述对象的视觉信息，是写实性的或具有纪实风格插图的创作手段。在视觉特征上，摄影插图建立了视觉形象与书籍内容之间最直观、最准确的联系，在描述对象的色彩、形态、质感、肌理、体积和空间等视觉要素上，相比手绘插图，摄影插图显得更为真实和细腻。在摄影插图的选用上，场景化的摄影插图能更好地表现对象主体所处的环境以及情感氛围，而去底的摄影插图突出了个体的形态特征，通过与书籍中文本版面的混合编排以及版面中

图7-24　手绘插图的笔触带来了质朴的视觉感受

图7-25　儿童书籍中的手绘插图

图7-26　摄影插图真实准确地再现了表现对象

其他元素的对比，起到了活跃版面的作用（图7-26、图7-27）。

数字形式——数字形式的插图泛指利用计算机技术创作出来的图像形式，通过设计软件强大的视觉处理能力，插图的创作者可以随心所欲地创造出虚拟与真实、抽象与具象相结合的多种样式。由于兼具了手绘插图的主观性和摄影插图的客观性，因此数字形式的插图在现代书籍中具有更丰富的表现空间（图7-28至图7-30）。

立体形式——现代书籍的视觉创作已经不再局限于传统的二维思路，即使是书籍中平面形态的插图也出现了立体化的尝试。在很多现代书籍，特别是儿童类的书籍中，插图被印制在通过模切形成的纸张结构表面，随着阅读过程中人们对书籍的展开而呈现出具有立体特征的视觉效果，这种立体的形态强化了插图对象，并与平面形态的版面形成了鲜明的对比，增加了书籍的可读性（图7-31、图7-32）。

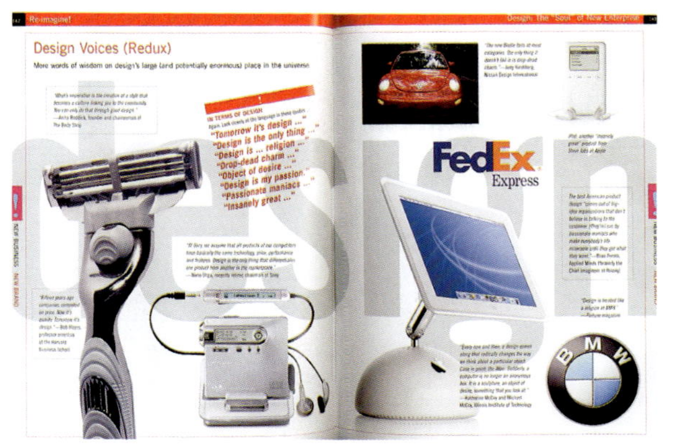

图7-27　去底的摄影插图丰富了书籍版面的视觉效果

图7-28　利用计算机技术创作合成的数字风格的书籍插图

图7-29　利用计算机技术创作合成的数字风格的书籍插图

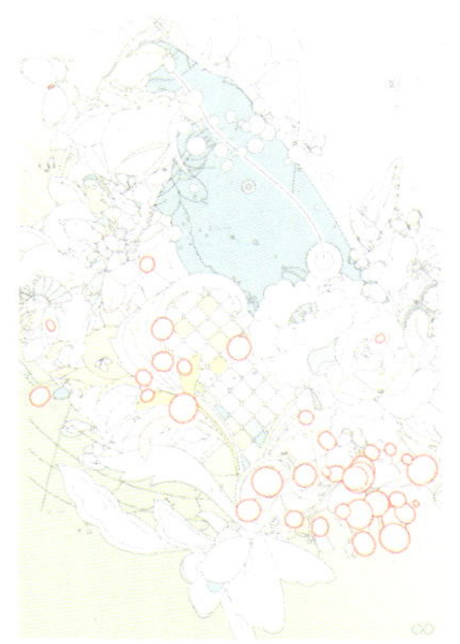

图7-30　利用计算机技术创作合成的数字风格的书籍插图

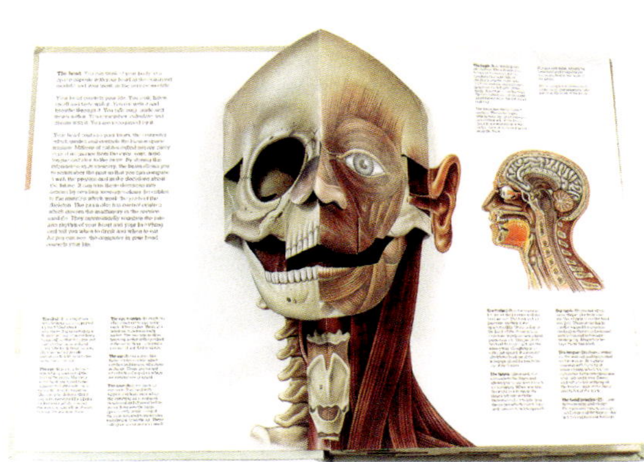

图7-31　立体插图增加了书籍的可读性

图7-32　立体插图增加了书籍的可读性

8 书籍的工艺设计

书籍工艺设计包括了书籍的材料、书籍的印刷和书籍的装订等几方面的内容，它是书籍从方案草图到最终印刷成品的实现环节。在现代逐渐细分的书籍出版流程中，工艺往往因为带有明显的技术性色彩而被排除在设计的范畴之外，事实上，很多通过计算机进行的书籍设计到“屏幕阶段”也就结束了。而对于综合了功能性和艺术性的书籍载体而言，首先，书籍的材料、印刷和装订工艺在相当程度上决定了书籍成品的使用功能，因此是实现书籍本体价值最重要的环节。其次，书籍工艺环节往往也决定了书籍成品的质感、肌理以及整体的视觉感受，是还原和提高书籍设计表现的重要手段。在现代书籍设计中，这一环节甚至可以通过具有创造性或者是观念性的语汇融入到书籍的设计中，因此这种技术性的环节也具有一定的审美意义。在现代书籍整体的设计流程中，书籍工艺环节不是孤立的，而是与之前的，包括书籍的形态、封面和版面等设计环节产生了互动的联系，共同构成了书籍设计的整体。

8.1　书籍的材料

书籍的材料经历了一个有趣的历史发展过程，在早期人类文明的书籍形态中，由于不同文明、不同地域的人们对于书籍材料选择的差异性，形成了远比现代丰富得多的书籍形态样式——例如那些记录在石碑和泥板上的笨重的书籍，记录在纸草上脆弱的书籍，记录在植物叶片上的轻薄的书籍，等等。直到纸张的发明，书籍的材料才开始逐渐统一并形成了至今为人们所公认的、标准的书籍形态。在现代书籍设计中，纸张仍然是最主要的书籍材料，而随着书籍制作加工技术的进步以及审美的需求，现代书籍在材料的选择上又开始呈现出了多样化的趋势，通过在材质上的突破，现代书籍获得了更丰富的、具有时代气息的形式语言。

8.1.1　纸类材料

自从被发明以来，纸张便逐步成为了记载和传承人类文明的最主要载体，也是迄今为止最主要的书籍制作材料，尽管受到了数字媒体的冲击，纸张在当前时代的出版和传播中仍然起着十分重要的作用。作为书籍的最主要材料，纸张影响了人们对书籍属性的判断——在大多数情况下，人们对于书籍的感受，无论是视觉、触觉、听觉甚至味觉都是来源于纸张，在现代书籍设计中，纸张从形态、质感和肌理等多个方面影响了书籍的审美属性和设计价值。

日本著名的书籍设计师杉浦康平认为："纸是设计的生命。"对纸张的熟悉实际也是对设计载体的认识，纸张在重量、厚度、肌理、色彩等属性上具有很大的差异，在书籍设计的过程中，对纸张基本属性的认知十分必要，正确的用纸选择可以有效地保证并促进设计概念的实现。在现代书籍的创作中，纸张本身的选择要远比过去丰富得多，合理的纸张选择对于保证出版物的质量和降低出版物的成本均有着十分重要的意义。

现代书籍印刷用纸主要包括了以下几个基本类型：

凸版纸——顾名思义，凸版纸是专门针对凸版印刷方式的纸张类型，有着纤维细腻、吸墨均匀的特点，因此常常被用于文本类以及工具类书籍的印刷。

新闻纸——新闻纸也叫白报纸，是报刊杂志以及书籍的主要用纸。新闻纸纸质松轻，富有弹性，油墨吸附力强，印刷还原表现较好，因此普遍适用于成本低廉的、大众类型的书籍印刷。

白板纸——白板纸是包装中常用的纸张类型，具有伸缩性和韧性上的优势。在书籍制作中，白板纸一般不用于直接的表面印刷，而是用于例如精装书籍的内封或者是书脊等局部结构中，起到强固书籍的作用，是书籍印刷制作过程中特殊的纸张类型。

铜版纸——铜版纸又称涂层纸，是将原纸涂上白色浆料并经过压光而制成的纸张类型。由于有了涂层，铜版纸的表面光洁，质感光滑，对于油墨的吸收和还原效果非常突出，常常用于摄影、绘画、雕塑等以图像表现为主的书籍。按照纸张表面肌理进行划分，铜版纸又可分为亮光铜版纸和哑光铜版纸（哑粉纸）；从设计属性上看，亮光铜版纸的表面过于光滑，因此常常带来一定的反光效应，而哑光铜版纸（哑粉纸）则能有效地避免这一问题，同时也兼具了铜版纸优秀的色彩和细节还原的特性，因此是现代图像类书籍最常用的纸张类型。

胶版纸——胶版纸主要用于平版印刷，也是目前较为普遍的书籍印刷用纸。相对于铜版纸，胶版纸的色彩和细节还原能力相对较弱，但具有一定的经济性，因此普遍适用于文本类型以及对细节要求不高的图像类书籍。胶版纸的质地疏松，纸质较轻，纸张表面的肌理和触感较为明显，与铜版纸印刷的书籍相比，用胶版纸印刷的书籍在视觉整体上往往显得较为朴实。

艺术纸——艺术纸是书籍纸张中特殊的类型，与常规的印刷纸张相比，这类纸张在色彩和肌理上的风格化特征十分明显，艺术纸的生产厂商常常按照这些属性对纸张进行系列的分类，从而满足不同的设计需求。在书籍设计中，艺术纸张的运用显然更多是从审美角度出发，作为增强书籍表面质感和肌理的有效手段，增强书籍的整体艺术表现力。艺术纸张的运用为书籍设计注入了新的内容，纸张本身的色彩、肌理以及质感都需要与书籍本体的设计风格相呼应，而在同本书籍中，艺术纸张和常规纸张之间也需要通过对比和协调形成与书籍和谐统一的材质语言。需要注意的是，艺术纸张的选用需要对纸张本身的印刷属性有深入的了解，依据设计方案以及需要达到的视觉效果有针对性地进行选择，不同类型的艺术纸张在吸墨程度、色彩和细节还原能力等实际印刷效果中具有很大的差异，表面平整、浅色系的艺术纸普遍适用于四色平版印刷，而表面肌理明显、深色系的艺术纸张则更适合凸版或者孔版的印刷方式，具有针对性的印刷方式才能最大程度地体现出艺术纸张本身所蕴涵的审美价值（图8-1）。

8.1.2 非纸类材料

随着印刷和装订技术的发展，在现代书籍设计中，出现了大量的包括金属、塑料、纤维织物以及其他复合类型的材料，这些非纸类材料作为纸张的补充，大多应用在封面、书盒等结构性部分，与人类早期对非纸类材料使用的功能性目的不同，在现代书籍设计中，非纸类材料与纸张的结合为读者带来了肌理、形态和结构上的多重感受。

纤维织物——纤维织物实际上是一种传统的书籍制作材料，中国早期的卷轴书籍就是以丝绸和绢帛等织物为载体的。现代的精装书籍延续了传统的制作工艺，在书籍的函套和内封中常常裱衬以棉麻等织物材料，起到对书籍的保护和美化作用。而在一些大胆的、反常规的现代书籍设计中，纤维织物甚至可以取代纸张，成为书籍内页的材料，通过这种材料的特殊性呼应书籍整体的设计概念（图8-2、图8-3）。

图8-1　艺术纸纸样

图8-2　精装书籍的硬封大多采用棉麻织物进行贴裱

金属——在西方古典时期，金属材料常常被制成精美的扣件或装饰物镶嵌在书籍的封面中，这也使得当时的书籍显得极为笨重。在现代书籍设计中，经过现代工艺加工合成的金属表面具有了更丰富的肌理和形态变化，而金属材料的质地、肌理和重量感则与书籍内页的纸张产生了强烈的视觉对比和心理反差，为书籍带来了鲜明的时代气息（图8-4、图8-5）。

木材和皮革——木材和皮革是传统书籍制作的重要材料，在中西方的书籍设计历史中都能找到这类材料的运用，中国的简牍就是以竹片和木片制成的书籍，而这种简牍的束带则通常是皮质的。与金属和纸张的强烈反差不同，作为一种自然材料，木材、皮革与纸张在视觉情感上十分接近，这些温和的、与纸张形成弱对比的非纸类材料带有古典和朴素的美感，因此常常被用在体现传统价值和人文主义色彩的书籍中（图8-6、图8-7）。

合成材料——合成材料是最具时代特征的书籍制作材料，书籍中合成材料在使用的初期更多是出于防水防潮等功能性的目的，而随着现代加工工艺的进步，在色彩和肌理上，合成材料具有了更多的变化。现代的书籍设计往往也开始利用合成材料易于成型的特点，依据设计创作出各种立体或者平面形态的造型，从而改变了传统书籍“严肃”的外貌，这一类型的书籍往往因此带有了明显的游戏痕迹和观念性质（图8-8至图8-10）。

不同于人类早期书籍中对非纸类材料运用的功能性目的，现代书籍中非纸类材料的运用更多是出于求异和出新的审美追求。对于非纸类材料的运用并非是多多益善，盲目的非纸类材料运用会造成书籍本身视觉语言的混乱以及出版成本的追加。作为对于书籍在材质和设计表现上的补充，非纸类材料的选择需要有贴切书籍本体的视觉内涵，并且与书籍中的纸张有着视觉和心理上的协调。

图8-3　以破损的牛仔布为材料的书籍封面

8.1.3 材料的重量

尽管在单张页面中，纸张本身的重量几乎可以忽略不计，但人们还是可以明显地感受到成品书籍在重量上的差异。事实上，重量是纸张的重要属性之一，在对纸张进行分类和销售的过程中，在标注名称、尺寸的同时往往也标注了纸张的重量，这个重量通常是以单位纸张的重量计算的。"克重"就是指每平方米单位纸张的重量，80 g/m^2 就代表这种类型纸张每平方米的重量为80 g，而"令重"则是表示每令纸（500张）的总重量。在一般概念中，重量在250 g/m^2 以下的称为纸，之上的则称为纸板。纸张的重量在一定程度上也决定了纸张的厚度，一般来说，重量是纸张厚薄的标志，重量越大，纸张越厚。例如，常用的80 g/m^2 和250 g/m^2 的纸，后者就比前者要厚出许多。在书籍设计

图8-4　金属材质的运用使书籍整体散发出强烈的现代主义气质

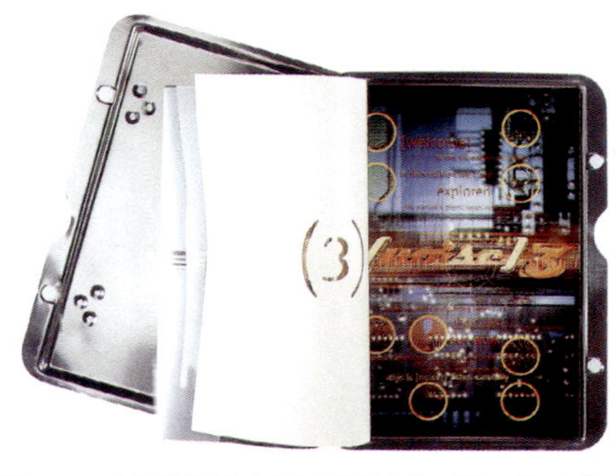

图8-5　金属材质与纸质内页形成了鲜明的质感对比

图8-6　以植物纤维为材料的书籍封面体现出自然质朴的视觉感受

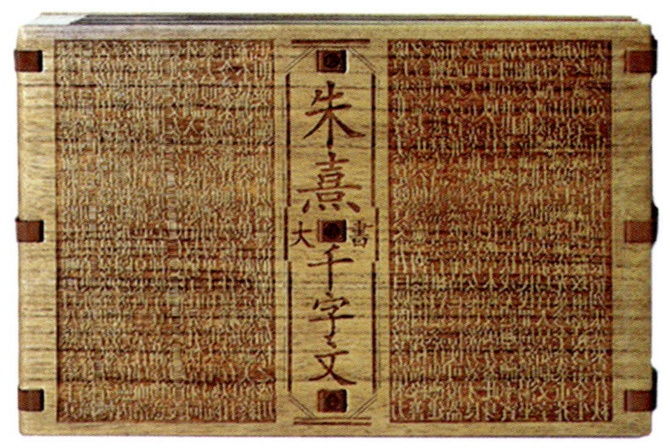

图8-7　竹木和皮革材料再现了古典书籍的材质内涵（吕敬人设计）

图8-8　合成材料为书籍带来了特殊的色彩表现

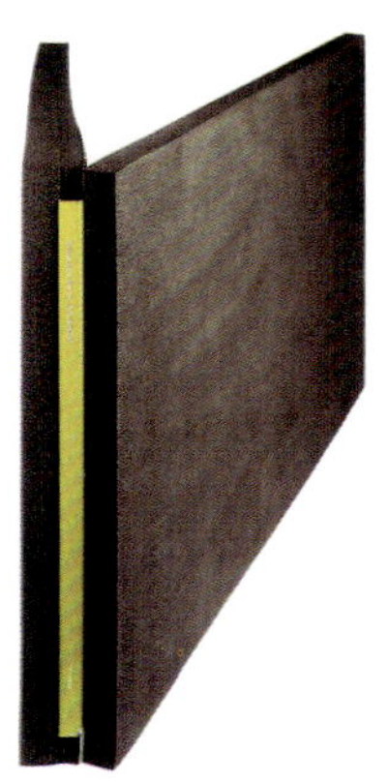

图8-9　合成材料为书籍带来了特殊的肌理表现

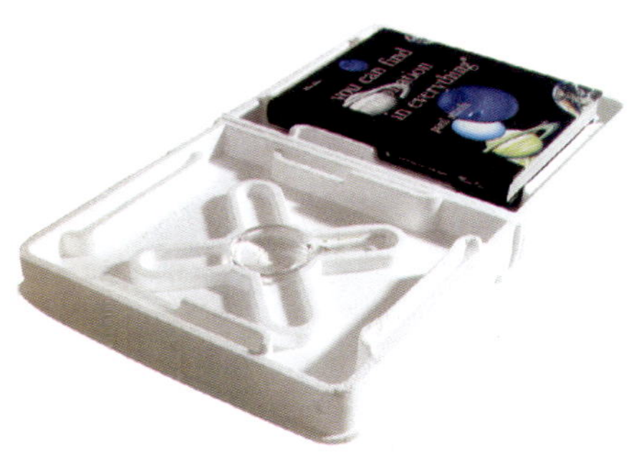

图8-10　合成材料使书籍的整体形态具有了更多变化

中，书籍的重量和厚度不是无意识形成的，而是与书籍的体裁、内容、开本以及设计密切相关。现代的大众读物多采用“轻质纸张”印刷，这种质地轻薄的纸张在保证一定厚度的情况下，减轻了书籍的重量，从而更利于日常的携带和阅读。而厚重的书籍，特别是大型的图像类书籍，出于印刷效果的考虑，更多选用厚克系的带有涂层的纸张，因此这类书籍往往要比单纯的文本书籍更为厚重。现代书籍设计中常见的非纸类材料大多在“量感”上超过了纸张，相比单纯的纸质书籍，运用了这些非纸类材料的书籍往往体现出更明确的视觉重量，同时也为书籍带来了特殊的价值感受。

图8-11　不同类型纸张之间的肌理差异

8.1.4　材料的肌理

人们在翻阅书籍的过程中，能很明显地获得接触纸张时所带来的诸如光滑、细腻、柔和或是粗犷的肌理感受，不同的纸张具有不同的肌理，艺术纸张肌理变化则更为丰富。在书籍设计中，纸张的肌理在一定程度上决定了最终的印刷效果。表面平整、具有涂层的纸张肌理细腻，可以较为平整地吸附油墨，在实际印刷中大多色彩饱和，细节还原能力出色。相反，大多数无涂层，肌理较明显的纸张在实际印刷过程中的色彩和细节还原能力相对较弱，但正是由于质朴的纸面和较弱的对比度，因此更适合文本类书籍。材料的肌理也具有一定的审美意义，纸张肌理在形态、走向以及密度上的特征衍生出了细腻、柔和、质朴和粗犷等不同的视觉心理，适合的纸张肌理可以使读者获得与书籍本体相呼应的微妙的触觉感受。在现代书籍设计中，为了编辑的需要，设计者常常将书籍中的章节部分或者不同类型的信息，例如图像与文本、正文与说明等内容印刷在不同类型的纸张上，通过纸张的分类来呼应编辑体例、澄清阅读线索，这些纸张在肌理上的差异则可以形成自然的视觉节奏。而金属、木材或者纤维织物等非纸类材料在书籍中的运用则在一定程度上弥补了纸质书籍在肌理上的“同质化”现象，增强了书籍局部的肌理变化，丰富了书籍整体的肌理内容（图8-11至图8-15）。

图8-12　“奢侈”的纸张肌理感受

图8-13　“朴素”的纸张肌理感受

图8-14　不同肌理的纸张形成了书籍自然的视觉节奏

8.2　书籍的印刷

书籍的印刷是将文本和图像信息附着于印刷载体的过程，作为虚实转换的关键，印刷的质量决定了书籍中信息还原的清晰度和准确性，因此具有很强的功能性。在现代书籍设计中，印刷技术的数字化已经基本解决了传统手工操作所带来的误差问题，印刷已经不再是单一追求准确和清晰性的技术性环节。不同印刷方式、印刷耗材以及印刷工艺的运用可以增强设计本身的表现力，在现代平面设计中，印刷也已经成为重要的视觉语言，很多设计的形式创意只有付梓印刷后通过特殊的工艺才能体现出来。

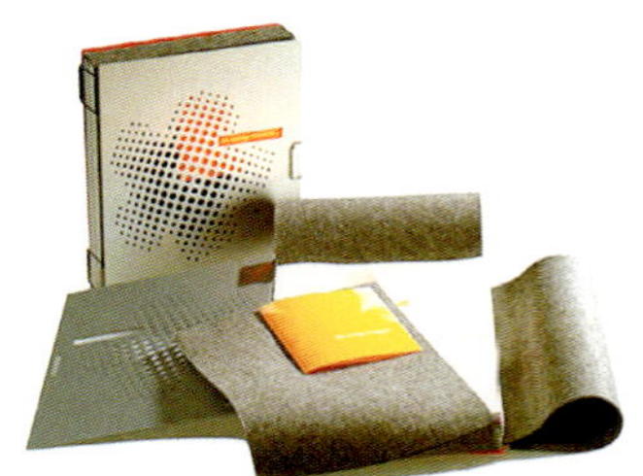
图8-15　运用了综合材料的书籍设计具有更丰富的肌理表现

8.2.1　印刷

现代印刷包括了凸版印刷、凹版印刷、平版印刷和孔版印刷等几个基本类型。在这些印刷的基本类型中，平版印刷作为目前最常见的书籍印刷方式，具

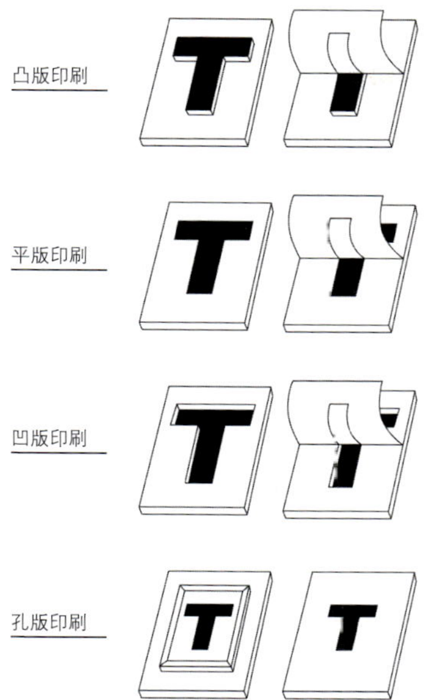

图8-16　印刷的四种基本类型

图8-17　Pantone的标准色卡

图8-18　运用了荧光油墨的书籍内页

图8-19　运用了白色油墨和烫印油墨的书籍封面

有较高的印刷效率和印刷质量，适合大批量出版的平装类型的书籍。而现代书籍的制作过程往往混杂着多种印刷方式，尤其是在精装类型或者是有着特殊设计要求的书籍中，书籍整体中不同的结构、不同的局部都需要针对性地采用不同的印刷方式来表现。作为传统的印刷方式，凸版印刷在现代书籍中主要用于小面积的特种印刷，例如书籍封面中的烫金和烫银就是采用了这种印刷方式。作为高档印刷的代名词，凹版印刷的图像细腻精美，因此大多运用在小批量的、追求高质量的图像类书籍中。孔版印刷又被称为丝网印刷，适用于书籍中无法用平版印刷完成的，例如金属、塑料或者织物等“非纸类”材质表面的印刷。现代书籍是复杂的，多工艺、多手段的制作过程，不同的印刷方式使书籍表面在肌理、质感和精细度等方面具有很大的差异，书籍的印刷需要针对不同的设计需求选择最具功能性和表现力的印刷方式（图8-16）。

8.2.2　油墨

在书籍的印刷过程中，纸张和油墨决定了印刷物最终的效果。根据印刷类型的不同，印刷油墨可以分为凸版印刷用油墨、平版印刷用油墨、凹版印刷用油墨、丝网孔版印刷用油墨和特殊功能性油墨等类型。而在以平版为主要方式的书籍印刷中，除去常规的四色油墨、专色油墨、珠光油墨、荧光油墨和金属色油墨也是常见的油墨类型。专色油墨是针对色标和色卡专门调配的油墨，色彩属性准确稳定，印刷表面肌理细腻，主要应用于对色彩还原要求较高，尤其是具有大面积色块的书籍印刷中。金色或银色等金属油墨由于有着其他油墨所不具备的金属光泽，因而常常被用在封面、标题或者是图形中以强化视觉效果。珠光油墨和荧光油墨能呈现出普通四色油墨所无法表现出的色彩效果，因此能为书籍带来鲜艳的、跳跃的色彩感受。在现代书籍设计中，油墨并不只是充当印刷的媒介，现代油墨的丰富特性往往直接参与并影响了书籍最终的视觉效果，在实际的设计过程中，这种油墨的效果无法通过“草图”或者“屏幕”预览，而只能在最终的印刷过程中体现出来，因此在付梓印刷之前，只有通过对选用油墨特性的深入了解才能准确地把握最终成品的视觉效果（图8-17至图8-19）。

8.2.3　特殊工艺

特殊工艺是在印刷加工过程中为了追求特殊的效果而衍生出来的技巧和手法，在现代书籍印刷中，模切、凹凸、UV和烫印等特殊工艺可以为书籍带来在形态、结构和肌理上的变化，丰富书籍整体的视觉感受。

模切——模切技术是利用机械模具的压力，用刀版对印刷物整体和表面进行切割、造型的手段。进入印刷时代以来，为了便于纸张的切割，绝大多数的书籍都是以矩形的标准形态出现的，而在现代书籍设计中，随着印刷工艺手段的不断出新，模切工艺的运用可以形成各种非常规的书籍形态，通过对书籍的整体切割形成几何形状或者是其他任何形状的书籍外形。这种工艺的运用改变了以往为人们所熟悉的书籍“刻板”的样式，增加了书籍在外形上的新鲜感，因此是现代书籍形态创新的重要手段。除了对书籍进行整体的切割之外，模切工艺也可以运用在书籍的局部，例如封面或者内页中，通过模切形成镂空的图形或者文字，从而呈现出前后书页之间的空间层次以及在肌理、图形和结构上的对比，塑造出书籍整体的立体感和空间感（图8-20至图8-24）。

凹凸——作为平面设计中常用的工艺手段，凹凸是将纸张或者其他印刷材料放置于模具中间，通过凹模和凸模的相互挤压形成印刷物表面的隆起或者凹陷。在现代书籍设计中，这种工艺常常被用来形成书籍表面具有立体特征的图形或者文字。尽管凹凸工艺形成的立体形态更类似于浮雕，但这种“立体”的局部与书籍表面的“平面”部分形成了形态上的对比，起到了强化视觉对象、增强书籍表面立体感和触感的作用（图8-25、图8-26）。

UV——UV是以丝网印刷的方式将光油或者UV油墨覆盖在印刷物表面的特殊加工手段。通过印刷物表面UV部分带来的特殊光泽和肌理，使书籍表面在质感和触感上发生微妙的变化，而且这种变化随着观察角度的不同会产生一定的差异，这种与书籍阅读行为彼此“互动”的视觉感受也是普通的印刷方式所无法带来的（图8-27、图8-28）。

烫印——烫印是利用热转印技术将金属膜等烫印材料转印到印刷物表面的一种印刷技巧。在西方书籍发展的历史中，人们很早就开始用烫印工艺来装饰书籍，通过烫印带来的金属光泽彰显书籍的不菲价值。一直以来，由于工艺和成本的限制，烫印工艺几乎只是精装书籍的专利，而随着现代烫印技术的逐渐普及，大量的平装本书籍上也开始使用这种工艺。现代的烫印不仅包括了常见的金色和银色，也包括了更具有表现力的彩色烫印、激光烫印和全息烫印等多种类型。由于采用了不同类型的印刷技术和印刷材料，经过烫印的印刷物表面与其他采用平版印刷的视觉部分形成了鲜明的对比，因此常常用以强化书籍页面中重要的视觉信息（图8-29、图8-30）。

图8-20　模切工艺形成的几何形状的书籍

图8-21　模切工艺形成的吉他形状的书籍

图8-22　模切工艺形成的镂空文本

图8-23　模切工艺形成的镂空图形

图8-24　模切工艺形成的书籍的弧形边角

图8-25　通过凹凸工艺形成的书籍表面浮雕形态的文本

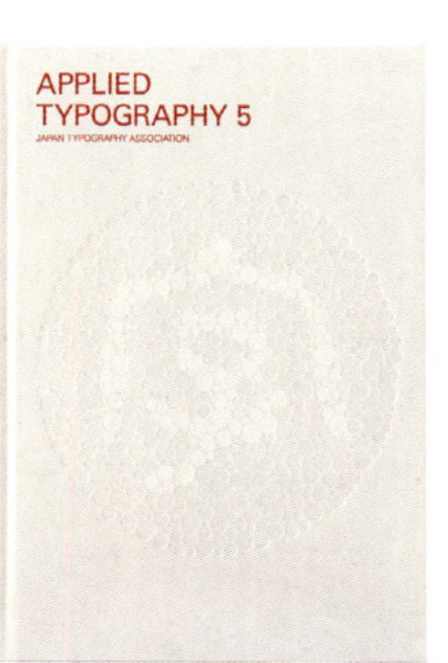

图8-26　通过凹凸工艺形成的书籍表面浮雕形态的图形

图8-27　UV工艺带来了书籍表面微妙的视觉效果

图8-28　UV过的视觉元素和书籍表面其他部分形成了质感对比

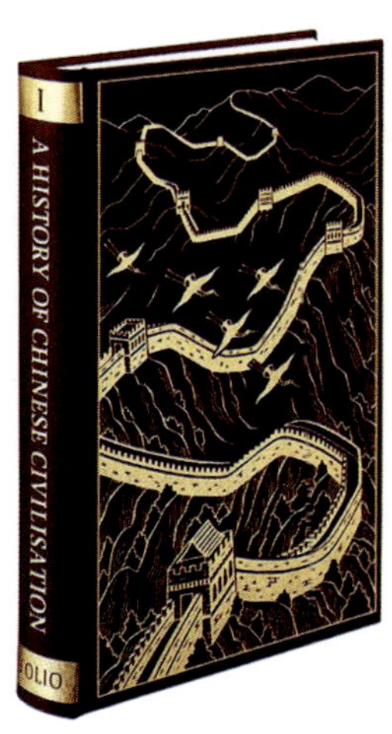

图8-29 运用了烫金工艺的书籍封面

图8-30 金属银烫印的视觉符号与四色印刷部分形成了鲜明的质感对比

8.3 书籍的装订

装订是将印刷完成的单张书页连接起来形成完整的书籍成品的加工步骤。从历史来看，装订技术从一个侧面印证了书籍文明的进步，是书籍“进化”的重要标志——从人类历史早期的卷轴装到册页装，从中国书籍历史中的经折装、旋风装、包背装到线装，这些书籍形态的发展无一不是装订技术的革新所带来的。相比人类早期书籍多变而怪诞的装订手法，现代书籍的装订技术日渐成熟和稳定，不同的书籍都可以依据自身的形态、材质以及成本选择最适合的装订形式（图8-31）。

8.3.1 书籍装订的类型

平订——平订是一种传统的装订方法，类似中国的线装书，平订通过书页侧边的穿线或金属件固定书籍。平订的书籍牢固耐用，而缺点是装订的侧边会带来书籍内芯版面范围的减少以及翻阅时的障碍，目前这种装订方式仅仅运用于少量的报表和文献类书籍（图8-32）。

骑马订——骑马订是在成组的、左右相临的书页中间穿钉并沿装订线对折形成书页的装订方式，多用于杂志和页数较少的书籍的装订。骑马订的装订方式在书籍整体的厚度上有一定要求，过厚的书页会造成书籍成品的不平整并带来翻阅时的不便。尽管是一种价格低廉的装订方式，但从设计角度来看，骑马订形式的装订往往能为书籍带来朴实和低调的视觉亲和力（图8-33）。

无线胶装——无线胶装是用胶水或热熔胶将散装的书页固定在书脊上的装订方式。这一装订过程往往需要在书页脊背处加入“洗口”的环节，通过将书脊脊背打毛以增加接触面和摩擦力，从而获得更好的黏结效果。无线胶装制作效率较高，成本相对经济，成品的书脊平整，而最大的问题在于书籍的厚度，一般无线胶装装订的书籍成品厚度不能超过7 cm，而且随着时间的推移和使用次数的增加，无线胶装的强度可能会有所下降，造成书页脱落，因此普遍适合那些平装的、使用不是很频繁的书籍类型（图8-34）。

锁线胶装——锁线胶装与无线胶装有一定的相似之处，都是通过胶水或热熔胶黏结书页。不同的是，在上胶之前，锁线胶装首先要通过棉线或丝线将书页连接装订成整体，这一步骤大大增强了书籍的牢固程度，延长了书籍的使用寿命。相对来说，锁线胶装的制作工序复杂，装订成本较高，主要运用在精装书籍以及工具类书籍中（图8-35）。

活页装订——从字面意义可以理解，活页装订是一种简便灵活的装订方式。活页装订的过程是将散装的书页按顺序排列，然后在打孔机上打孔，通过人工或者自动化的装订机械用配套的塑料或金属的圈环将书页装订成册。从使用功能上看，活页装订适用于手册、目录、说明书、报表及其他经常需要更换内容的书籍印刷品。在实际使用过程中，活页装订的书籍展开平整，翻阅流畅，因此这种装订方式在图像类的书籍中也屡见不鲜（图8-36）。

中式装订——中式装订又称为线装，是中国明清时代书籍最常使用的装订方法，也是中国整个古典时期最具代表性的书籍装订方式。中式装订通过书侧

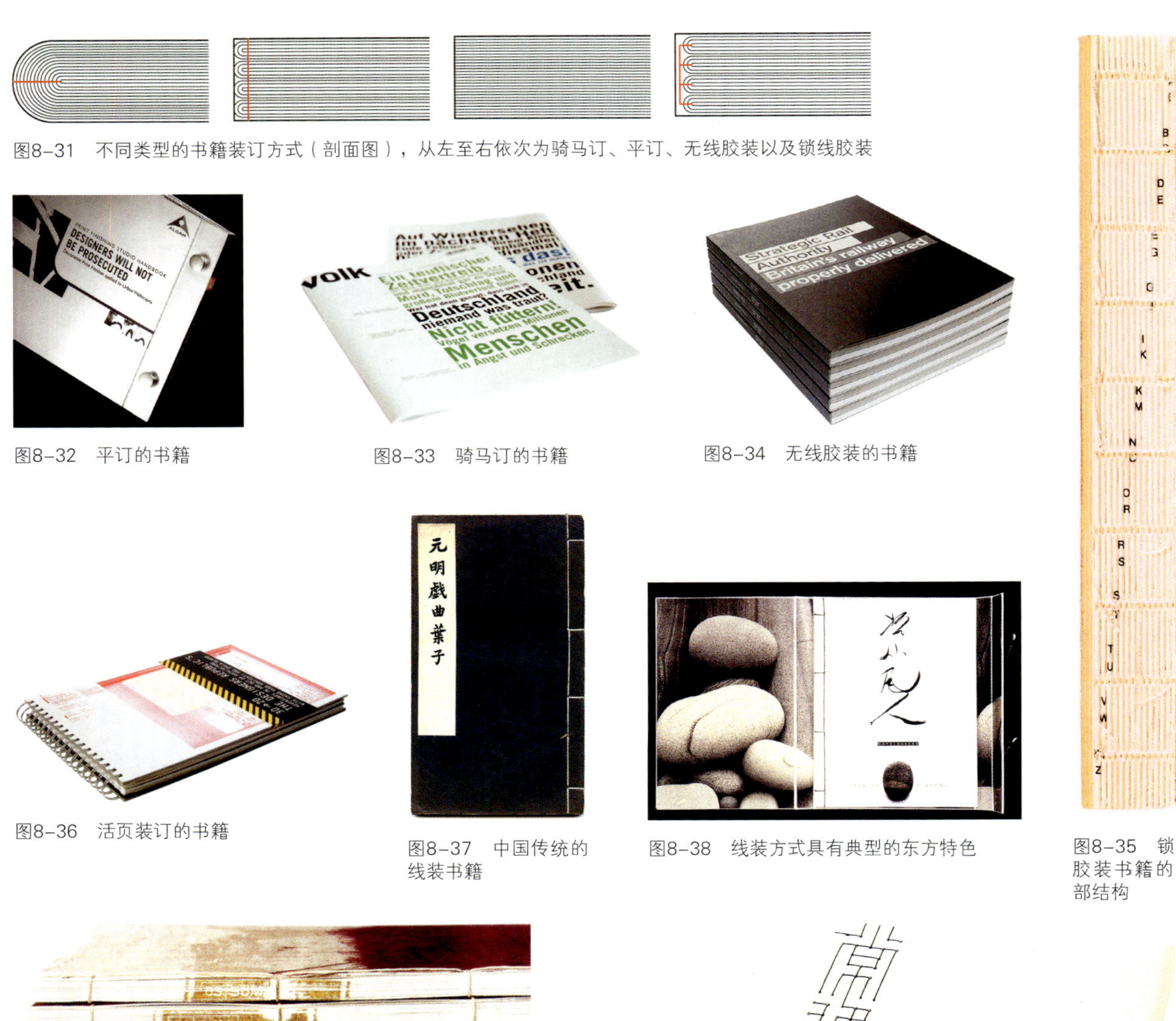

图8-31　不同类型的书籍装订方式（剖面图），从左至右依次为骑马订、平订、无线胶装以及锁线胶装

图8-32　平订的书籍

图8-33　骑马订的书籍

图8-34　无线胶装的书籍

图8-35　锁线胶装书籍的内部结构

图8-36　活页装订的书籍

图8-37　中国传统的线装书籍

图8-38　线装方式具有典型的东方特色

图8-39　线装书籍的订口

图8-40　线装的图形化（广煜）

的开孔，用丝线或者棉线将书页连接并装订成册，从基本特征来看，这种装订方式介于锁线装订和平订之间，因此具有较强的牢度，正因为如此，中国流传至今的古籍善本大多为线装形式的。进入20世纪以来，中式装订由于烦琐的工序逐渐被更有效率的现代装订方式所替代。在现代书籍设计中，中式装订的使用更多是出于审美性的目的，在古籍再版等特殊领域中，中式装订再现了古典时期书籍的形态和神韵，而由于这种装订方式具有特殊的审美价值，因此也常常用于表达某些独特的书籍设计创意（图8-37至图8-40）。

8.3.2　书籍装订的艺术性

作为书籍制作流程中的关键环节，装订的质量常常决定了书籍的使用寿命和使用的舒适程度。在德国莱比西举办的世界性的书籍设计竞赛中，对“最美的书”的评判不仅包括了书籍设计的艺术性，而且对书籍装订等技术性环节也提出了近乎苛刻的标准，因此，装订是一本“完美的”书籍所必不可少的功能性组成。

在现代书籍设计中，设计表现已经不再局限于封面、扉页和版面等常规的设计区域，技术性环节的内容往往成为了书籍设计语汇新的“增长点”。同样，书籍的装订也不再仅仅是停留在技术性和功能性的层面上，而是可以通过形式和结构的创新使之成为书籍“艺术性”的重要组成部分。在这些“艺术性”装订的尝试中，常常可以看到某种反常规的甚至是具有“破坏”性质的装订结构，例如省却书皮而直接将装订部分全部或者部分裸露在外，通过这种“求异”的结构将设计的观念性融入到装订环节中。有的尝试则是以装订结构本身为视觉元素进行创作，例如对于口式装订的革新，这种革新将传统样式的装订线进行视觉化的处理，构成与书籍内容相呼应的文本和图形，从而使这些装订结构直接参与了书籍的表意。而最具革新意识的装订则是抛开常规的装订手法，寻找特殊的书页“连接”方式，从本质上看，任何能将散乱的书页连接在一起的方式都可以被看作为装订，这种采用了特殊结构、工艺和材料的装订形式往往能为书籍整体带来特殊的视觉趣味。在现代书籍设计中，设计对象的范围不断外延，包括装订在内的技术性环节也处处可见设计意识的存在，通过设计，这些技术性的环节从多个角度建立起了与书籍本体意象性的链接，从而使现代书籍的视觉内容和精神内涵愈加丰富（图8-41至图8-45）。

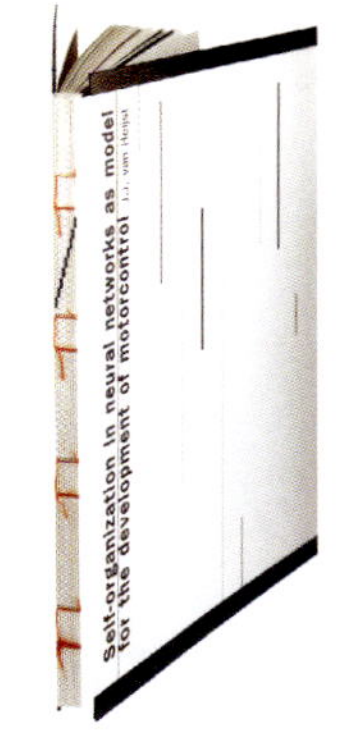

图8-41　裸露的装订部分体现出了特殊的审美趣味

图8-42　概念性的书籍设计中，通过装订呈现出的“无法开启”的观念性特征

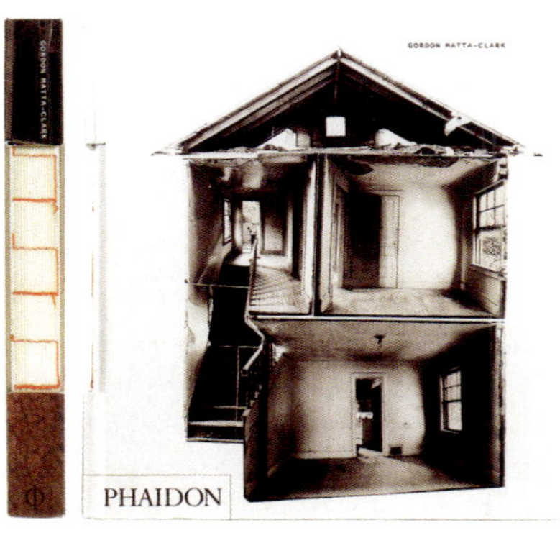

图8-43　故意破损的装订传递出了书籍的精神实质

图8-44　采用了特殊材料和结构的书籍装订

图8-45　采用了特殊材料和结构的书籍装订

9 书籍的整体设计

正如所有平面设计所强调的那样，在书籍设计中，整体性也是必然的要求。相对于其他的平面设计对象，书籍具有综合的形态特征，因此整体性的要求不仅针对平面的图文关系，也体现在立体和动态的视觉角度中。而从本体特征和设计流程来看，书籍是一个结合了艺术性、思想性、技术性和功能性的特殊载体，这也对书籍的视觉创作过程提出了更深层的整体要求。

9.1 书籍的风格

对书籍设计而言，书籍的风格是指书籍在平面、立体以及动态角度所体现出的总体的视觉特征，这种特征往往是个人、群体、民族甚至是整个时代审美观点的集中体现。作为现代书籍设计的综合性目标，清晰的视觉风格有利于读者建立书籍的内容和形式之间的明确联系，形成对于书籍整体强烈的视觉感受，为书籍带来更多的附属价值（图9-1至图9-3）。

风格的整体性——维多利亚样式还是构成主义样式？古典风格还是现代风格？在传统的认识中，人们对书籍风格的区别总是习惯于以书籍内部的字体、版面和图像等具有平面意味的视觉形式为标准。在现代书籍设计中，作为一个具有综合特征的载体，书籍风格的体现也应该是多维度的——作为平面形态的书籍，风格体现在由字体、版面、图形和色彩等视觉元素所体现出来的、具有系统特征的平面样式，这也是绝大多数书籍风格的集中体现。而作为立体

图9-1 具有个人风格的书籍设计（高桥善丸设计）

图9-2 具有民族风格的书籍设计

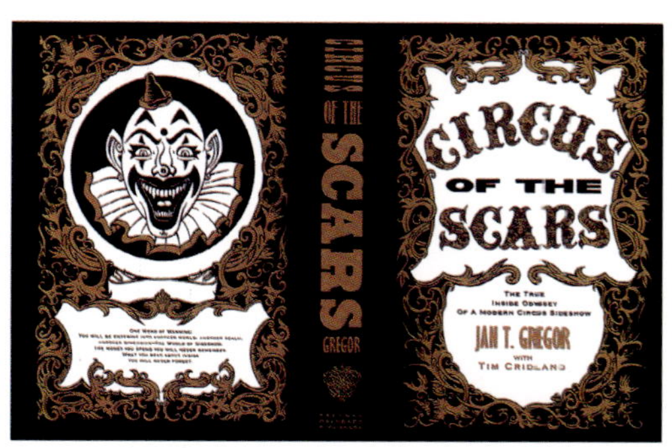

图9-3 具有时代风格的书籍设计

形态的书籍，风格体现在由书籍的外形、造型以及结构上所表现出来的特征和美感，相比平面化的风格，这种具有立体意味的书籍风格往往具有更直观、更强烈的视觉效果。而在书籍的阅读过程中，由局部结构以及页面之间所带来的连续性的视觉感受则能体现出书籍在动态层面的风格。因此，无论是从平面形态、立体形态还是动态的角度来看，书籍的风格都可以通过特有的元素和形式来表现，这种风格的体现是全方位、多角度的。对书籍的整体设计而言，只有将书籍中平面的不同局部、立体的不同角度、动态的不同时间形成有机的视觉联系，才能有利于人们对书籍总体视觉特征的把握，从而明确地感受到书籍中风格的存在（图9-4至图9-8）。

图9-4 统一的视觉元素为书籍带来了整体的视觉风格

图9-5 统一的视觉元素为书籍带来了整体的视觉风格

图9-6 通过造型、色彩和图文形式综合体现的书籍整体风格（吕敬人）

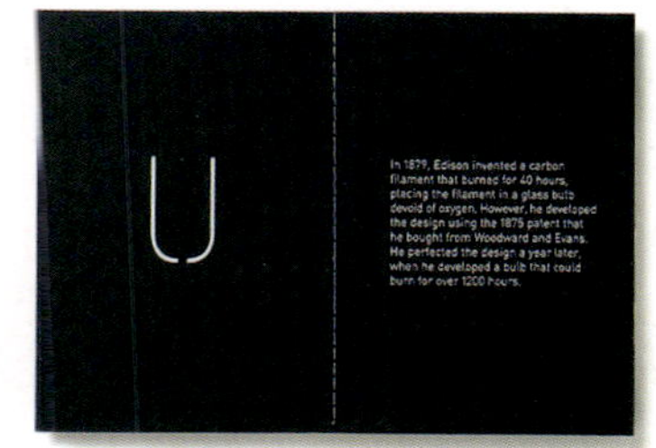

图9-7 从多个维度体现出的书籍的整体视觉风格

Unbuilt offerings:
in the spaces
of eternity
Rediscovering
an architecture
of mass and
structure

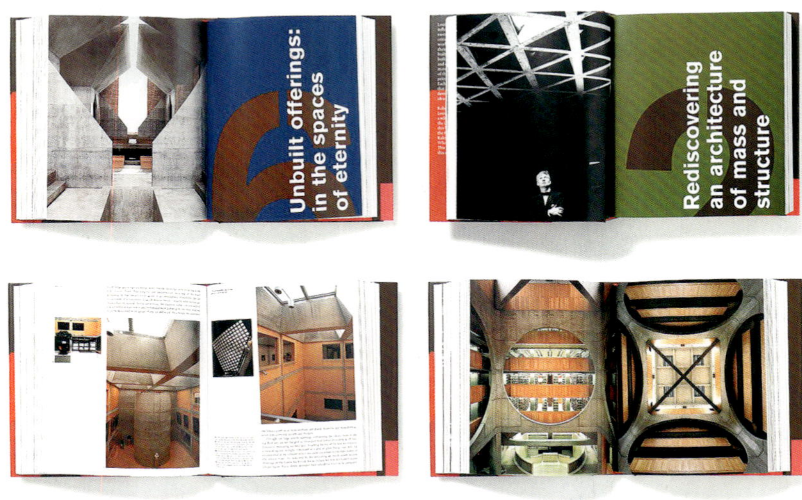

图9-8　连续性的书籍页面所体现出的整体风格

INTRODUCTION BY BOB WEIR
A HISTORY BY CHARLES PERRY
THE HAIGHT ASHBURY

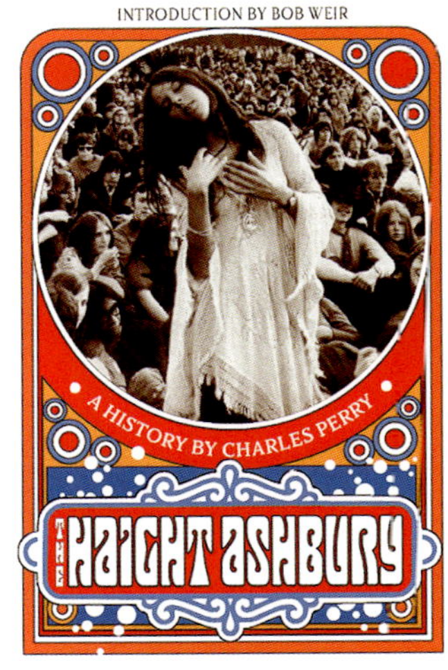

图9-9　与书籍内容对应的时代性的视觉风格

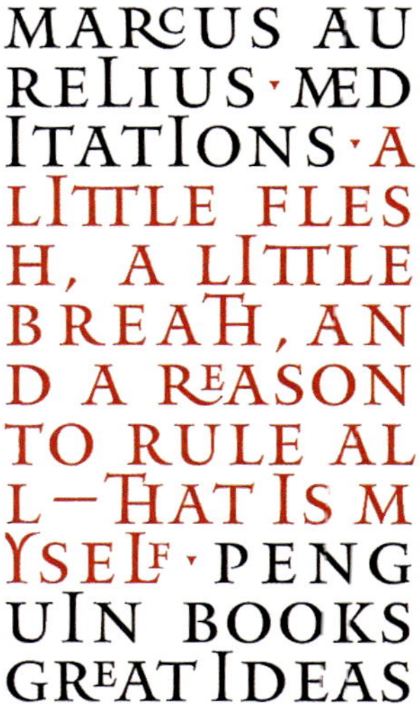
MARCUS AU
RELIUS · MED
ITATIONS · A
LITTLE FLES
H, A LITTLE
BREATH, AN
D A REASON
TO RULE AL
L—THAT IS M
YSELF · PENG
UIN BOOKS
GREAT IDEAS

图9-10　通过字体和版面表现出的抽象的、切合了书籍内在精神的视觉风格

风格的从属性——在书籍设计的过程中，即使是同一本书籍也会因设计师的不同而表现出具有差异性的视觉处理手段和表现形式，从这个角度来看，书籍的风格似乎是由设计师所“定义”的。但在书籍设计中，内容作为书籍的本质，也是书籍设计的核心，一切脱离这一核心的视觉创作都是形式主义的，因此书籍的风格具有从属性的特征，需要建立在形式与内容密切关联的基础上，通过这些联系完整地映衬出书籍的实际内容和蕴藏的精神实质。在实际创作中，这种关联不仅表现为图像和书籍内容之间具象的直观联系，也可以表现为通过字体、版面、形态等视觉语言与书籍情感之间抽象的间接联系（图9-9、图9-10）。

风格的商业性——在印刷发明之前，书籍显然不是一种大众化的消费品，因此这一时期的书籍创作带有明显的个人和主观意识，而在现代的商业化背景下，书籍的视觉形式必然要受到市场、读者以及销售策略等一系列商业因素的限制，因此在大多数人看来，书籍的风格化和商业化之间存在着不可调和的矛盾。尽管如此，从积极的角度来看，书籍的风格化与商业化之间更多是一种相互依存的关系。首先，风格化是书籍商业化的必然要求，设计精美、视觉风格明显的书籍能彰显书籍的个性，吸引读者，为销售带来明显的促进作用；而反过来，书籍本身的商业定位也影响并且指导着书籍的视觉创作，往往也是书籍风格营造的切入点。事实上，一味地为书籍附加上“夸张”和“醒目”等所谓的商业化特征只是一种低级的“叫卖”手段，真正的商业化绝对不是雷同和模式化的，只有细分的、具有针对性的书籍风格才能实现书籍自身所独具的商业价值。

9.2　书籍的类型

在人类历史的初期，书籍的内容主要以经史哲理为主，类型单一，而现代的书籍内容几乎包罗万象，类型多样，这种类型的丰富在客观上也促成了现代书籍纷繁复杂的视觉形式。按照标准的图书分类方法，现代书籍大致可分为社会科学类、文学艺术类、自然科学类、文化教育类和工具类等几个基本类型。

在实际经验中，人们往往能通过书籍的视觉形式来辨别例如儿童书籍和成人书籍、工具书籍和文学书籍、学术性书籍和畅销书籍的差异，书籍的视觉形式与书籍的所属类型关系密切，同一类型的书籍往往在视觉形式的创作中具有一定的共性特征。

社会科学类书籍——包括了以政治、经济、哲学等社会科学为内容的理论性著作。在视觉创作中，清晰简约、庄重稳定的视觉风格能为这类书籍带来学术性和权威性的心理感受。而另一方面，视觉创作也可以成为沟通书籍主体和读者之间的桥梁，在封面的创作中，比喻和比拟的手法通过视觉的形式 “解释”了这类书籍中的抽象概念，形成了读者对于书籍主体更为直观和形象的认识（图9-11、图9-12）。

文学艺术类书籍——由于书籍内容所具有的虚拟特征以及主观特征，文学艺术类书籍的视觉创作具有很大的自由度，是在视觉形式上最具“可塑性”的书籍类型。尽管没有相对稳定的视觉范式，但从总体上，这类书籍应该有着与自身内容、体裁和风格相适应的，能与书籍本体形成具有联想特征的，促成读者与书籍之间共鸣的视觉形式，这种针对性和联想性恰恰也正是这类书籍最典型的视觉特征（图9-13、图9-14）。

自然科学类书籍——与文学艺术类书籍内容的自由特征相比，自然科学类的书籍有着科学和准确的内容规范。体现在视觉创作中，这种科学性和准确性应当通过严谨精确的版面、注释和图表等视觉要素来体现。在现代书籍出版

图9-11　简约的视觉风格为社会科学类书籍带来了学术和经典的心理感受

图9-12　通过视觉化手法表现的社会科学类书籍

图9-13　文学类书籍封面中具有联想特征的图像

图9-14　文学类书籍联想特征的视觉形式

图9-15　自然科学类书籍插画形式的封面

图9-16　自然科学类书籍活泼的图文版面

图9-17　儿童书籍在色彩、图像上具有显著的特征

图9-18　儿童书籍特殊的造型使阅读过程带有了一种游戏性

中，自然科学类的书籍不仅具有专业的学术价值，也常常被“包装”为大众读物推广和普及，在这种市场定位下，采用人性化的、活泼的图文形式可以更好地调动读者的阅读兴趣（图9-15、图9-16）。

文化教育类书籍——在人类文明的进程中，教化是书籍一项重要的功能。由于教育的特殊属性，为了适应读者群在心理和生理上的差异，这类书籍的视觉创作需要针对读者的年龄层进行细分。作为启蒙性教育的儿童书籍是文化教育类书籍中的典型，由于是针对儿童这一特殊的阅读群体，儿童书籍在内容和编辑体例上与其他类型的书籍有着巨大的差异，在视觉形式上表现出了明显的类型化特征——首先是图像性，由于处在特殊的年龄段，儿童的理解能力和观察能力相对幼稚，对文本的接受能力不强，而图像则是他们了解世界的主要途径，因此，为了适应儿童的这种天性，儿童书籍多采用直观明确的绘本形式，在造型上多采用夸张和拟人化的手法以适应儿童的阅读心理。在色彩和版面上，明快的色调、满版的图像和大级别的字体也是为了适应儿童的认知习惯。另外，在现代的儿童书籍设计中，特殊的编辑方式和视觉形式能使书籍看起来更像一个玩具，而阅读则更像是一个游戏的过程，这显然是这类读者最乐于接受的信息表述方式（图9-17、图9-18）。

工具类书籍——尽管受到了网络时代搜索引擎和专业软件的挑战，然而工具类书籍仍然是现代生活中必不可少的参考和辅助工具。有别于其他类型的书籍，作为一个综合信息的载体，工具类书籍本身并不参与内容的创作和表现，而是以信息搜索和信息定位为目的，因此这类书籍的视觉创作应当围绕着这一本体的功能而展开。从总体特征上，工具类书籍版面中视觉元素的大小、距离和位置需要符合读者的阅读习惯，以便于读者快速准确地识别版面信息。其次，在工具类书籍的使用过程中，类似于交通的指示系统，读者搜寻信息的过程需要有明确的视觉提示，在视觉层面上对这些信息进行分类和引导则可以为这类书籍的阅读带来清晰明确的“导航”（图9-19、图9-20）。

类型化的书籍设计在一定意义上揭示了同一类型书籍在设计过程中所具有的共性特征，但在当前的书籍出版中，同一类型的书籍往往在写作方式、编辑体例和市场定位等方面具有一定的差异，特别是在现代多元的审美标准下，以类型来区别、标注和划分书籍的视觉创作是不全面的。书籍类型的意义并非在于对某种视觉模式的套用，而是提示人们在书籍的视觉创作过程中准确地理解和把握书籍内容、读者对象等客观因素，创造出具有针对性的视觉特征。这种观点同样也体现在德国书籍设计师汉斯·彼得·维尔堡（Hans Peter Willberg）的书籍分类方法中，依据设计的特征，他将书籍划分成了若干类型——线性的书籍（小说、剧本、诗歌），信息性的书籍（科学与教育书籍），资料性与选择性的书籍（参考书、工具书），单元化的书籍（赋有注评和联系的辅导书籍），这种分类方法将设计的本质特征从过于复杂的书籍类型中分离了出来，强调了书籍设计方法的差异性和针对性。

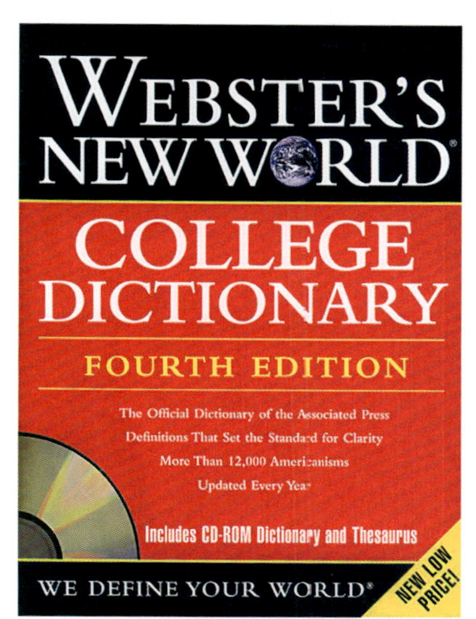

图9-19　工具类书籍简洁的封面样式

图9-20　工具类书籍清晰的版面样式

图9-21　系列书籍封面中并列关系的图像

9.3　书籍的系列

在现代书籍的选题、策划过程中，当面对内容庞杂、主题化的书稿的时候，书籍的编辑往往按照年代、作者、类型等标准进行分类，形成多本的，以“卷”、“册”、“部”等形式出现的系列书籍，这种被类别化的书籍在数量上少则数本，多则上百本，形成了系统的视觉整体。针对这种由单本书籍共同形成的整体，共有的识别特征可以促成读者对于这类书籍“谱系化”的视觉感受，强化这类书籍所蕴涵的整体价值。具体到实践过程，这种视觉创作可以从图像、版面、色彩和形态等方面着手。

图像——在系列书籍的封面创作中，不同的图像往往被用来分类和标注单本书籍，出于系列书籍整体性的要求，这些不同的图像需要在视觉意义、视觉表现手法和内在构成上进行筛选和加工——在日常经验中，在视觉意义上具有关联的图像能自然地成为图像群体，人们往往把海螺、贝壳、沙滩等图像看作是同类的，因此系列书籍的整体性可以来源于图像彼此之间一致的视觉意义。其次，现代书籍的图像来源多样，手法各异，统一的视觉表现手法可以强化图像在色彩、肌理等视觉属性上共有的特征，形成具有一致感受的图像系列，而在大小、角度和结构等方面一致或相似的图像往往能演变为符号化的视觉语言，并带来视觉上的整体感（图9-21至图9-23）。

版面——书籍的版面直接影响了读者接受信息的方式和效率，在系列书籍的设计中，无论是封面还是内页，一致或者类似的版面结构可以形成清晰的阅

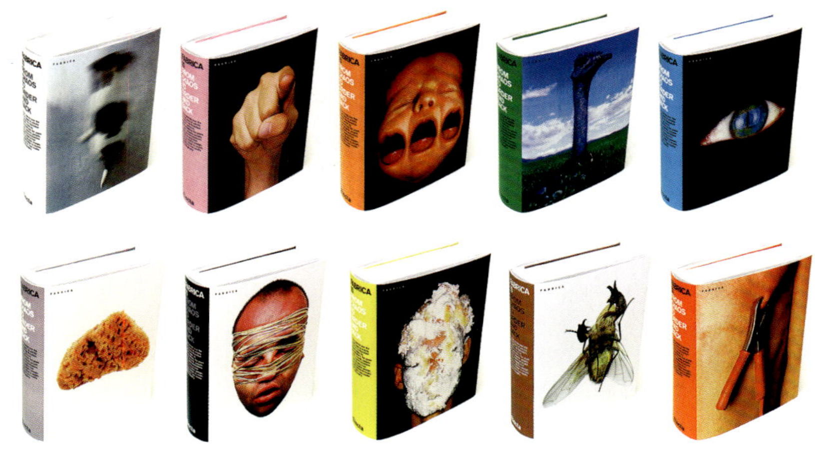

图9-22　系列书籍封面中采用了相同表现手法的图像

图9-23　系列书籍封面中符号化的图像

读线索，强化系列书籍的识别特征。而另一方面，版面结构的一致也可以延续读者的阅读习惯，提高信息阅读的效率（图9-24至图9-26）。

色彩——在单本书籍的创作中，色彩是调控整体、形成风格的重要手段之一。在系列书籍中，由于具有多个视觉主体（单本书籍），色彩的这种控制手段显得更为直观而有效，在视觉经验中，人们往往首先是通过色彩来辨识出具有相属关系的物体。在系列书籍的设计中，同种色彩的运用可以为书籍带来明确统一的色彩感受，而不同的色彩则可以分别对应系列书籍中的单本，出于整体性的目的，这些色彩需要建立在同类、对比和渐变等规律性的基础上，通过规律性的色彩关系为系列书籍带来整体和谐的色彩感受（图9-27、图9-28）。

形态——系列书籍不仅有着在平面要素上的内在联系，在形态上、在静态摆放和动态阅读的过程中，系列书籍往往呈现出个体与个体、个体与整体之间的组合关系。在系列书籍中，视觉创作可以不仅仅局限于单本书籍，也可以这些单本书籍为“个体”和“局部”，通过多个这种“个体”和“局部”的排列组合共同形成整体的视觉样式，这种“组合”而成的视觉样式无疑从另一个角度增强了系列书籍不可或缺的整体感（图9-29、图9-30）。

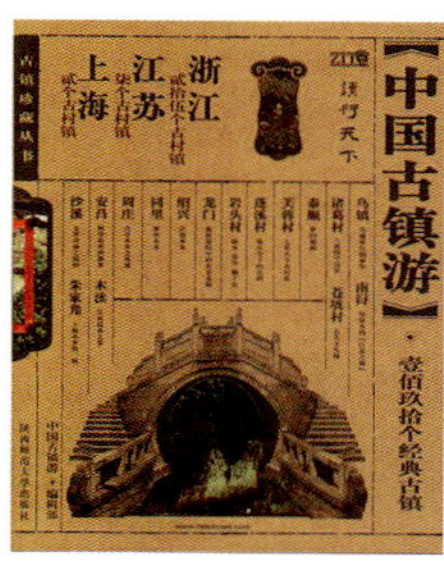

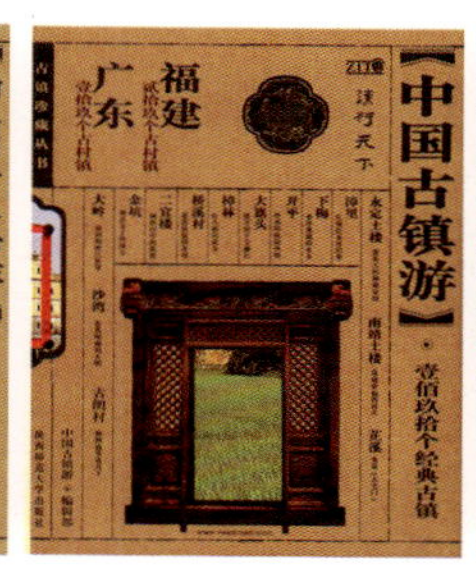
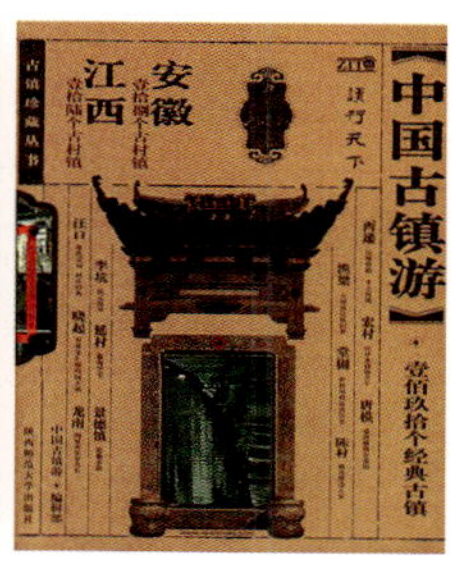

图9-24　一致或相似的版面结构所带来的系列书籍的整体感

图9-25　一致或相似的版面结构所带来的系列书籍的整体感（菊地信义）

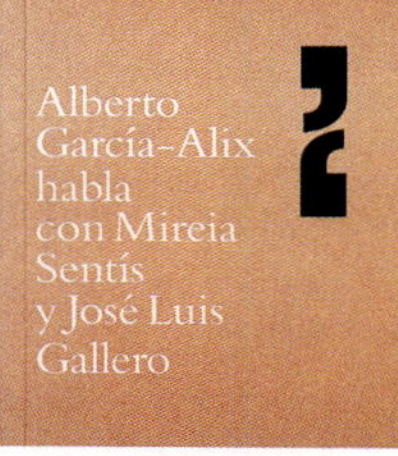

图9-26　一致或相似的版面结构所带来的系列书籍的整体感

图9-27　系列书籍中一致的色彩运用

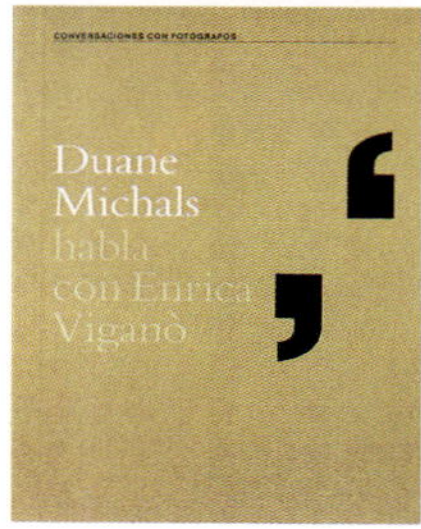

图9-28　色彩和谐统一的系列书籍设计

图9-29　利用系列书籍的组合而形成的色彩创意

图9-30　系列书籍组合而形成的形态创意

9.4 书籍的流程

不同于早期私人性质的创作行为，在现代商业模式下，书籍出版被纳入到了严格的轨道中，形成了从书稿—编辑—设计—印制—销售的一整套流程体系，其中的每一个环节都有着阶段性的目的，设计作为中间环节，与其他环节形成了相互制约、相互协调的整体关系，共同保证了书籍价值的实现。

在书籍的出版流程中，作为首要的环节，书籍内容在很大程度上是其后一系列环节所无法回避、必须考虑的客观因素，而设计环节的目的就是围绕这一本质核心，通过视觉形式来体现书籍的内容以及情感。编辑环节的作用一方面体现在规范和校对书稿、对书籍出版活动的规划和组织方面；另一方面更重要的是编辑环节还可以通过市场定位、阅读群体等角度来补充和完善作者的写作构思，从而间接地参与书籍内容的创作。

在书籍流程的整体环节中，编辑—设计—印刷之间的关系也是密切的，编辑往往对书籍有着针对性的市场定位，很重要的一点就是书籍的成本核算与价格定位，这一点必然从材料、工艺和印刷方式上对其后的设计环节提出了诸多物质性的约束。当然，设计与编辑环节之间也不仅限于这种看上去有些“消极”的联系，两者之间还存在着“积极”的视觉联系——特殊的编辑体例往往能为书籍带来视觉形式上的突破，而设计也常常可以通过章节性的视觉处理使书籍的编辑脉络更为清晰。

对书籍流程中最后一个环节销售而言，在被纳入商业轨道之后，无论是书稿、编辑、设计还是印制，都从不同角度对最后的书籍销售产生了影响，而最终的销售效果也是检验之前所有环节合理性的重要标准。

从上述书籍出版中各个环节的关系来看，书稿—编辑—设计—印制—销售这一流程是现代书籍从概念转化为实体的必经过程，也是书籍的视觉创作始终无法脱离的整体。这一流程涵盖了美学、心理学、工艺学以及市场学等诸多的学问，只有融入了这一流程的书籍视觉创作才是一种全面的、整体的和准确的书籍设计。

参考文献

[1] Andrew Haslam . BOOK DSIGN[M] . Laurence King Publishing，2006 .

[2] Gavin Ambrose Paul Harris . BASIC EDESIGN—COLOUR[M] . AVA Publishing SA，2005 .

[3] Gavin Ambrose Paul Harris . BASIC EDESIGN—FORMAT[M] . AVA Publishing SA，2005 .

[4] Gavin Ambrose Paul Harris . BASIC EDESIGN—LAYOUT[M] . AVA Publishing SA，2005 .

[5] Gavin Ambrose Paul Harris . BASIC EDESIGN—TYPOGRAPHY[M] . AVA Publishing SA，2005 .

[6] Roger Fawceett-Tang . Experimental Design[M] . Rotovishion SA，2001 .

[7] 邓中和 . 书籍装帧创意设计[M] . 北京：中国青年出版社，2004 .

[8] 汉斯·彼得·维尔堡 . 发展中的书籍艺术[M] . 北京：人民美术出版社，1997 .

[9] 金伯利·伊拉姆 . 栅格系统与版式设计[M] . 上海：上海人民美术出版社，2006 .

[10] 钱存训 . 中国古代书籍纸墨及印刷术[M] . 北京：北京图书馆出版社，2002 .

[11] 杨永德 . 中国古代书籍装帧[M] . 北京：人民美术出版社，2006 .

请按此裁下寄回我社或在网上下载此表格填好后发回

教师信息反馈表

为了更好地为教师服务，提高教学质量，我社将为您的教学提供电子和网络支持。请您填好以下表格并经系主任签字盖章后寄回，我社将免费向您提供相关的电子教案、网络交流平台或网络化课程资源。

<table>
<tr><td>书名：</td><td colspan="3"></td><td>版次</td><td></td></tr>
<tr><td>书号：</td><td colspan="5"></td></tr>
<tr><td>所需要的教学资料：</td><td colspan="5"></td></tr>
<tr><td>您的姓名：</td><td colspan="5"></td></tr>
<tr><td>您所在的校（院）、系：</td><td colspan="5">校（院） 系</td></tr>
<tr><td>您所讲授的课程名称：</td><td colspan="5"></td></tr>
<tr><td>学生人数：</td><td colspan="2">______ 人 ______ 年级</td><td>学时：</td><td colspan="2"></td></tr>
<tr><td>您的联系地址：</td><td colspan="5"></td></tr>
<tr><td rowspan="2">邮政编码：</td><td rowspan="2"></td><td rowspan="2">联系电话</td><td colspan="3">（家）</td></tr>
<tr><td colspan="3">（手机）</td></tr>
<tr><td>E-mail:（必填）</td><td colspan="5"></td></tr>
<tr><td colspan="3">您对本书的建议：</td><td colspan="3">系主任签字

盖章</td></tr>
</table>

请寄：重庆市沙坪坝正街174号重庆大学（A区）
重庆大学出版社教材推广部

邮编：400030
电话：023-65112084
023-65112085
网址：http://www.cqup.com.cn
E-mail:fxk@cqup.com.cn